高超声速飞行器
攻角观测器
设计与仿真

雷军委　丛晓　李恒　陈育良◎著

西南交通大学出版社
·成　都·

内容简介

本书首先以二阶与三阶线性系统为研究对象，阐述基于矩阵对角与铰链元素分解的稳定裕度分析方法的基本思想与分析步骤，然后以高超声速飞行器俯仰通道的非线性模型为研究对象，阐述其观测器设计与稳定裕度定量计算问题；接着在上述基础上，考虑仅采用部分状态测量构造攻角观测器系统的存在性问题与稳定裕度问题。最后考虑存在测量误差、常值干扰与气动参数不确定这 3 种工程设计面临的实际不确定性问题、观测器系统设计与稳定裕度定量分析问题，同时进行详细的仿真，验证了上述理论的正确性，从而为高超声速飞行器控制理论研究在工程设计中服务打下良好基础。

图书在版编目（ＣＩＰ）数据

高超声速飞行器攻角观测器设计与仿真 / 雷军委等

著 . 一成都：西南交通大学出版社，2020.11

　　ISBN 978-7-5643-7656-7

　　Ⅰ. ①高… Ⅱ. ①雷… Ⅲ. ①高超音速飞行器 – 攻角

– 观测仪器 – 设计 – 仿真 Ⅳ. ①V47

中国版本图书馆 CIP 数据核字（2020）第 181660 号

Gaochao Shengsu Feixingqi Gongjiao Guanceqi Sheji yu Fangzhen

高超声速飞行器攻角观测器设计与仿真

雷军委　丛　晓　李　恒　陈育良　著

责 任 编 辑	刘　昕
封 面 设 计	GT 工作室

出 版 发 行	西南交通大学出版社 （四川省成都市二环路北一段 111 号 西南交通大学创新大厦 21 楼）
发行部电话	028-87600564　028-87600533
邮 政 编 码	610031
网　　　址	http://www.xnjdcbs.com
印　　　刷	成都勤德印务有限公司
成 品 尺 寸	170 mm×230 mm
印　　　张	11	字　　　数	165 千
版　　　次	2020 年 11 月第 1 版	印　　　次	2020 年 11 月第 1 次
书　　　号	ISBN 978-7-5643-7656-7
定　　　价	98.00 元

前　言

　　高超声速飞行器的攻角观测器设计问题与线性系统的状态观测问题一脉相承，具有较高的理论研究价值，同时由于高超声速飞行器的强非线性、不确定性与时变特性，又使得其攻角观测器设计比较复杂而又具有很高的工程研究价值。观测器的设计、稳定性分析、稳定裕度分析是相辅相成的 3 个问题，但稳定裕度分析则较其他两大问题更为复杂，主要原因是经过几十年的发展，线性系统的稳定裕度分析已有相角裕度与幅值裕度这两大经典而又成熟的评估指标，而针对非线性系统的稳定裕度分析与定量计算问题，到目前为止仍无体系化的研究结果。基于上述背景研究，本书针对高超声速飞行器俯仰通道的非线性模型的状态观测器设计问题，展开了深入研究，并针对稳定裕度定量分析问题，采用基于对角元素与铰链元素矩阵分解的定量分析方法，进行了非线性系统的稳定裕度计算研究。当然，本书的研究仅仅是抛砖引玉，其方法存在不完善之处，如存在非线性系统的稳定裕度偏于工程化，理论深度不高；非线性系统稳定裕度定量计算公式过于烦琐；针对某些工程被控对象以及工程背景的问题，稳定裕度定量计算公式并不唯一或者不够简洁等。上述诸多问题有待以后的研究者进一步深入研究与解决。

　　为了使内容易于低年级研究生甚至本科生理解接受，本书的编写力求兼顾以下 3 点：

　　（1）理论易读性。为了增加可读性，本书分章节对内容进行编排，而且对每一节的问题，均从引言开始，引入模型进行介绍，以理论分析与推导为依据，并配以详细的仿真分析验证给出的一些偏向于工程经验的结论，因此每个章节都是独立的整体。同时为了便于读者的理解，特意以二阶与三阶线性系统为研究起点，推广到复杂的高超声速飞行器状态观测器设计中。同时读者如果对前面章节内容不熟悉，也不影响对后续章节的阅读。

（2）工程实用性。本章的研究对象主要是高超声速飞行器俯仰通道的非线性模型，其并未进行太多简化处理，保留了大部分工程特色的非线性、不确定性，并对工程所关心的状态测量误差、常值干扰的问题进行了详细而深入的研究。

（3）程序指导性。本书附有大量的程序（可联系作者获取），保证读者能够通过程序验证章节所提的理论方法。读者能够通过程序来还原书中所有的仿真曲线，尤其通过程序来了解作者的研究思想。

本书的出版得到了海军航空大学岸防兵学院的大力支持，在此对岸防兵学院欧阳中辉院长、探测制导与控制教研室梁勇主任表示衷心的感谢。王玲玲同志完成了本书大部分内容的编辑与书稿修订工作，在此也表示感谢。

由于作者水平有限，书中不妥之处在所难免，敬请读者批评指正。

雷军委

2020.04

目 录

第1章
绪　论

1.1　高超声速飞行器的研究意义

高超声速飞行器具有飞行速度快、费用低的特点，可确保廉价进入太空，也可作为全球快速运输机与空间打击武器，其鲜明的军事与民用价值使它备受世界各国重视。

高超声速控制问题是近十几年来国内外控制领域的热点与难点问题，黄琳院士指出，高超声速飞行器强耦合、经典非线性、快时变特征对控制科学带来了巨大挑战。因此进行高超声速飞行器控制理论研究的重要意义是毋庸置疑的。

1.2　高超声速飞行器状态观测器的研究背景

由于高超声速状态测量的困难，尤其是攻角测量的困难，使得状态观测，特别是对于攻角观测问题，不仅理论研究者感兴趣，工程研究者也非常关心。

目前有很多文献针对某一高超声速模型进行了状态观测器构造，如Haojian Xu[1]于2004年进行了高超声速滑模状态观测器与控制器的设计；Pete Jankovsky[2]于2007年针对高超声速设计了两类输出反馈控制律，其中一类鲁棒输出反馈策略不依赖于状态观测器方法，另一类输出反馈控制律则基于状态观测器的状态估计信息，采用线性Quadratic调节方法；L Fridman[3]于2008年研究了高阶滑模状态观测与估计问题。Nenggen

Ding[4]于 2014 年对车辆驾驶系统构造了扩展 Luenberger 观测器,并采用求取偏导数线性化的方法,对观测器的存在性、系统的稳定性以及控制参数选取给出了系统的结论。

Qun Zong[5]于 2012 年在进行高超声速反演输出反馈控制中讨论了状态观测器设计问题,其后于 2013 年研究了高超声速高阶滑模观测器设计问题。

Qun Zong[6]于 2013 年研究了高超声速飞行器反馈线性化模型的准连续高阶滑模控制器,并提出一种采用高阶观测器来求解高度微分,通过测量飞行器速度、俯仰角速率、高度与观测器提供的高度微分来估算攻角速度,最终积分得到攻角估计值的方法。当然,该文并没有把观测器与控制器一体化进行稳定性分析。

Yinhui Zhang[7]于 2015 年针对高超声速飞行器反馈线性化后的模型,采用了两个高阶观测器来观测系统的状态与未知干扰,在此基础上,设计了简单的状态反馈控制律实现了高超声速飞行器的速度与高度控制。该方法较传统飞行器控制的优点在于不需要测量高超声速飞行器的全部状态。当然,观测器稳定的前提在于假设未知干扰有界或者其导数有界。这显然在高超声速飞行器中是很难满足的,但当基于上述设计思想设计控制器时,如果控制器观测器增益匹配合理并且较小时,系统是能够保证稳定的。当然,不稳定的情况更是比比皆是,控制器的鲁棒性也往往难以保证。Qing Wang[8]于 2016 年基于一类新型的扩张状态观测器,得到了一个新的 hurwitz 矩阵的构建方式,并设计了导弹控制与制导内外回路的一体化鲁棒制导控制律。

Yanliang Cui[9]于 2017 年针对风电系统的状态不可测量问题与非线性负载干扰问题,构造了观测器系统,并设计了鲁棒积分型滑模控制器,指出采用大增益能够改善观测器的收敛特性,但是大增益也会使得整个控制系统的动态性能恶化,因此在观测器增益选取上,需要寻找一个平衡点。

Yuanchuan Shen[10]于 2017 年首先对非线性进行线性有界限定,基于线性系统稳定性原理,设计了与原系统结构相似的观测器来解决系统状态不可测量问题;其次设计了一类反演滑模控制器,并采用动态面方法解决微分爆炸问题，最终得到了飞行器系统的有界性。但该文要求所有未知干扰有界，而且要求虚拟控制量或者含有滑模信息的函数有界，这其实是难以保证的。而且如果该含有滑模信息的函数有界，那么不难得到系统状态有界，整个系统稳定性就无须证明了。

Herman Castaneda[11]于 2017 年针对无人飞行器设计了扩张状态观测器，解决了不可测量状态与外干扰的估计问题，同时该控制律由于采用了自适应增益设计，因而不需要知道干扰的界，从而也避免了控制增益过大的问题。然而，该自适应增益的设计本身是增长型或半增长型，因此也不可避免地产生增益过大问题。

1.3 高超声速飞行器状态观测器的研究目的

除了上述列举的有关高超声速飞行器状态观测器的研究文献之外，类似的相关文献还有很多，在此不再详述。这些文献尽管都针对具体的高超声速模型，构造了各不相同的状态观测器，但没有对状态观测器的存在性问题进行深入研究。即高超声速模型结构满足什么条件，以及可测量状态信息需要哪些时，才能实现不可测量状态的观测？如果系统存在常值干扰或测量误差，那么对观测器的结果具有哪些影响？观测器的稳定裕度将如何衡量？观测器的增益参数与控制器参数将如何匹配？

这些问题无疑是高超工程设计非常关心的问题，也很有理论价值。本书力图聚焦上述问题，采用 LEI 稳定裕度手段，通过部分线性化与矩阵对角与铰链分解进行定量计算，对上述问题进行深入体系化的精细研究。基于增益稳定裕度定量计算的高超声速状态观测器设计与增益匹配分析问题的重要性日益突出，该研究不仅可以填补目前的理论空白，同时也是目前工程迫切需要解决的问题。

1.4 本书的内容安排

为了深入系统说明高超声速飞行器攻角观测器设计与稳定裕度定量

计算与分析问题，本书在内容上按照从易到难、循序渐进的原则分为如下 6 章。

第 1 章为高超声速飞行器状态观测器的研究意义与研究背景与目的。

第 2 章给出了二阶与三阶线性系统的状态观测器设计与稳定裕度分析问题。

第 3 章针对高超声速飞行器俯仰通道的四阶非线性模型，给出了高超声速飞行器观测器设计与稳定裕度分析的详细流程，并进行了数字仿真验证理论分析的结果。

第 4 章研究了观测器设计中的存在性问题，也就是如果仅采用部分系统状态进行测量时，是否能够构建稳定的攻角观测器，以及如何进行稳定裕度分析的问题。

第 5 章给出了工程设计中尤为关心的存在测量误差、常值干扰与模型参数不确定情况下的高超声速飞行器攻角观测器设计与稳定裕度分析问题。

第 6 章给出了全书的总结，并指出不足之处与将来的研究方向。

第 2 章
二阶与三阶线性系统的状态观测器设计

2.1 引　言

　　二阶系统结构相对简单，但相对于一阶系统又蕴含着丰富的动态特性，工程中很多复杂的被控对象大量采用二阶系统作为简化模型来进行设计与研究。为了更好地阐述高超声速飞行器的状态观测问题，首先对广义的二阶系统进行状态观测器的设计研究，既可以为后续复杂的高超声速飞行器的状态观测器设计问题打下铺垫，又能够方便低年级读者对相关背景知识的理解。在二阶系统状态观测器的研究基础上，进一步深入地对三阶系统进行了理论研究与仿真分析，并得出了积分控制、惯性环节及其增益系数变换对系统性能影响的结论。

2.2 二阶系统的状态观测器

2.2.1 问题描述

　　考虑如下简单二阶系统：

$$\dot{x}_1 = a_1 x_1 + a_2 x_2 + b_1 u$$
$$\dot{x}_2 = a_3 x_1 + a_4 x_2 + b_2 u$$

（2-1）

其中，x_1、x_2 为系统状态，u 为待设计的控制量，x_1 为可测量的状态，x_2 为需要观测的状态。状态观测器的设计目标是设计观测器系统，使得未知状态能够被估计与观测。

2.2.2　观测器的构造

针对上述系统，构造线性状态观测器系统如下：

$$\dot{\hat{x}}_1 = a_1\hat{x}_1 + a_2\hat{x}_2 + b_1u + u_1$$
$$\dot{\hat{x}}_2 = a_3\hat{x}_1 + a_4\hat{x}_2 + b_2u + u_2$$

（2-2）

定义观测误差变量为 $\tilde{x}_1 = x_1 - \hat{x}_1$，$\tilde{x}_2 = x_2 - \hat{x}_2$，则有

$$\dot{\tilde{x}}_1 = a_1\tilde{x}_1 + a_2\tilde{x}_2 - u_1$$
$$\dot{\tilde{x}}_2 = a_3\tilde{x}_1 + a_4\tilde{x}_2 - u_2$$

（2-3）

考虑采用反馈控制设计观测器，设计

$$u_1 = k_1\tilde{x}_1, \quad u_2 = k_2\tilde{x}_1$$

（2-4）

则上述系统可以整理为

$$\dot{\tilde{x}}_1 = (a_1 - k_1)\tilde{x}_1 + a_2\tilde{x}_2$$
$$\dot{\tilde{x}}_2 = (a_3 - k_2)\tilde{x}_1 + a_4\tilde{x}_2$$

（2-5）

显然，如果 $a_4 < 0$，则必然存在 k_1、k_2 使得上述系统稳定。反之，如果 $a_4 > 0$，则必然导致稳定裕度不足。因此可以得出如下结论。

结论 2.1　当主对角元素为负时，二阶系统的状态观测器设计是完全无问题的；反之二阶系统的状态观测器即使存在，其稳定裕度也将随着系统不确定性增大而减小，并迅速失去稳定性。

2.2.3　系统稳定裕度分析

针对如下系统

$$\dot{\tilde{x}}_1 = b_1\tilde{x}_1 + b_2\tilde{x}_2$$
$$\dot{\tilde{x}}_2 = b_3\tilde{x}_1 + b_4\tilde{x}_2$$

（2-6）

如果 b_1、b_4 小于 0，而 b_2、b_3 符号相反，且假设 $|b_3| > |b_2|$，且不失一般性假设 $b_3 > 0$，则其稳定裕度可以计算为

$$M = -b_1\Gamma_1^2 - b_2\Gamma_2^2 - |b_2\Gamma_1 + b_3\Gamma_2|$$

（2-7）

其中，Γ_1、Γ_2为状态x_1与x_2权重因子，其意义为实际系统对状态限制的区间要求，满足$|x_1| < \Gamma_1$、$|x_2| < \Gamma_2$。反之，如果b_1、b_4小于0，而b_2、b_3符号相同，则其稳定裕度计算也可以写为

$$M = -b_1\Gamma_1^2 - b_4\Gamma_2^2 - \Gamma_1^2|b_2 + b_3|/2 - \Gamma_2^2|b_2 + b_3|/2 \qquad (2\text{-}8)$$

当然，也可以仍然用公式（2-7）表示，本文多数采用公式（2-8）。稳定裕度M值越大表示系统越稳定。

2.2.4 非线性对系统稳定裕度的影响

假设上述系统中含有非线性项：

$$\begin{aligned}
\dot{\tilde{x}}_1 &= b_1\tilde{x}_1 + b_2\tilde{x}_2 + x_2 x_1 \\
\dot{\tilde{x}}_2 &= b_3\tilde{x}_1 + b_4\tilde{x}_2 + x_1^3
\end{aligned} \qquad (2\text{-}9)$$

处理原则为假设状态x_2的可靠限制区间为$|x_2| < \Gamma_{2a}$、$|x_1| < \Gamma_{1a}$，系统稳定裕度可以计算如下：

$$\begin{aligned}
M &= -b_1\Gamma_1^2 - b_4\Gamma_2^2 - \Gamma_1^2|b_3 + b_2|/2 - \Gamma_2^2|b_3 + b_2|/2 - \Gamma_{2a}\Gamma_1^2 - \frac{\Gamma_{1a}^2}{2}(\Gamma_1^2 + \Gamma_2^2) \\
&= k_1\Gamma_1^2 + k_2\Gamma_2^2
\end{aligned} \qquad (2\text{-}10)$$

此时，如果系统稳定，则需要$k_1 > 0$，且$k_2 > 0$。其中k_1与k_2的具体表达式，不难由上式得出，在此不再赘述。

2.2.5 不确定性对系统稳定裕度的影响

假设上述系统含有不确定项：

$$\begin{aligned}
\dot{\tilde{x}}_1 &= b_1\tilde{x}_1 + b_2\tilde{x}_2 + x_2 x_1 + \Delta_1 \\
\dot{\tilde{x}}_2 &= b_3\tilde{x}_1 + b_4\tilde{x}_2 + x_1^3 + \Delta_2
\end{aligned} \qquad (2\text{-}11)$$

不确定性满足界的限制：

$$\begin{aligned}
|\Delta_1| &\leqslant k_{11}|x_1| + k_{12}|x_2| + k_{13} \\
|\Delta_2| &\leqslant k_{21}|x_1| + k_{22}|x_2| + k_{23}
\end{aligned} \qquad (2\text{-}12)$$

则上述系统的稳定裕度满足仅以 b_2、b_3 符号相同时计算公式：

$$M = -b_1\Gamma_1^2 - b_4\Gamma_2^2 - \Gamma_1^2|b_2+b_3|/2 - \Gamma_2^2|b_2+b_3|/2 - \Gamma_{2a}\Gamma_1^2 - \frac{\Gamma_{1a}^2}{2}(\Gamma_1^2+\Gamma_2^2) -$$

$$k_{11}\Gamma_1^2 - k_{22}\Gamma_2^2 - \frac{1}{2}(k_{12}+k_{21})\Gamma_1^2 - \frac{1}{2}(k_{12}+k_{21})\Gamma_2^2$$

$$= k_a\Gamma_1^2 + k_b\Gamma_2^2$$

（2-13）

而且此时系统的稳定区间满足

$$|x_1| > \frac{k_{13}}{k_a}, \quad |x_2| > \frac{k_{23}}{k_b}$$

（2-14）

即在上述范围内系统必然保持稳定。可以看出常值不确定性不影响线性系统的整体稳定性，但会带来系统平衡点的漂移。上述系统稳定的条件主要由 k_a、k_b 大于 0 来保证。同时由于平衡点漂移，会导致在原平衡点附近的小邻域 $|x_1| < \frac{k_{13}}{k_a}$，$|x_2| < \frac{k_{23}}{k_b}$ 内出现振荡，但仍然不影响其稳定性。

可以看出该振荡的邻域大小与干扰成正比，与系统稳定裕度参数 k_a、k_b 成反比，也就是系统的稳定裕度越高，则振荡邻域越小，系统的常值干扰越大，振荡邻域越大。

2.3　三阶系统的状态观测器

2.3.1　问题描述

考虑如下的典型三阶系统：

$$\dot{x}_1 = a_1x_1 + a_2x_2 + a_3x_3 + b_1u$$
$$\dot{x}_2 = a_4x_1 + a_5x_2 + a_6x_3 + b_2u$$
$$\dot{x}_3 = a_7x_1 + a_8x_2 + a_9x_3 + b_3u$$

（2-15）

其中，x_1、x_2、x_3 为系统状态，u 为待设计的控制量，x_1、x_2 为可测量的状态，x_3 为需要观测的状态。

此时，状态观测器的设计目标是设计观测器系统，使得未知状态能够被估计与观测。

2.3.2 观测器的构造

针对上述系统，构造线性状态观测器系统如下：

$$\dot{\hat{x}}_1 = a_1\hat{x}_1 + a_2\hat{x}_2 + a_3\hat{x}_3 + b_1u + u_1$$
$$\dot{\hat{x}}_2 = a_4\hat{x}_1 + a_5\hat{x}_2 + a_6\hat{x}_3 + b_2u + u_2 \qquad (2\text{-}16)$$
$$\dot{\hat{x}}_3 = a_7\hat{x}_1 + a_8\hat{x}_2 + a_9\hat{x}_3 + b_3u + u_3$$

定义观测误差变量为 $\tilde{x}_1 = x_1 - \hat{x}_1$，$\tilde{x}_2 = x_2 - \hat{x}_2$，$\tilde{x}_3 = x_3 - \hat{x}_3$，则有

$$\dot{\tilde{x}}_1 = a_1\tilde{x}_1 + a_2\tilde{x}_2 + a_3\tilde{x}_3 - u_1$$
$$\dot{\tilde{x}}_2 = a_4\tilde{x}_1 + a_5\tilde{x}_2 + a_6\tilde{x}_3 - u_2 \qquad (2\text{-}17)$$
$$\dot{\tilde{x}}_3 = a_7\tilde{x}_1 + a_8\tilde{x}_2 + a_9\tilde{x}_3 - u_3$$

考虑采用反馈控制设计观测器，设计

$$u_1 = k_1\tilde{x}_1 + k_2\tilde{x}_2，$$

$$u_2 = k_3\tilde{x}_1 + k_4\tilde{x}_2，$$

$$u_3 = k_5\tilde{x}_1 + k_6\tilde{x}_2，$$

则上述系统可以整理为

$$\dot{\tilde{x}}_1 = (a_1 - k_1)\tilde{x}_1 + (a_2 - k_2)\tilde{x}_2 + a_3\tilde{x}_3$$
$$\dot{\tilde{x}}_2 = (a_4 - k_3)\tilde{x}_1 + (a_5 - k_4)\tilde{x}_2 + a_6\tilde{x}_3 \qquad (2\text{-}18)$$
$$\dot{\tilde{x}}_3 = (a_7 - k_5)\tilde{x}_1 + (a_8 - k_6)\tilde{x}_2 + a_9\tilde{x}_3$$

显然，如果系统有两个状态需要观测，则令 k_2、k_4、k_6 等于 0 即可。此时，a_5、a_9 均为负，否则系统观测器即使存在，稳定裕度也不会太大。

考虑存在两个状态需要观测的情况，则观测器的误差系统可以整理为

$$\dot{\tilde{x}}_1 = (a_1 - k_1)\tilde{x}_1 + a_2\tilde{x}_2 + a_3\tilde{x}_3$$
$$\dot{\tilde{x}}_2 = (a_4 - k_3)\tilde{x}_1 + a_5\tilde{x}_2 + a_6\tilde{x}_3 \qquad (2\text{-}19)$$
$$\dot{\tilde{x}}_3 = (a_7 - k_5)\tilde{x}_1 + a_8\tilde{x}_2 + a_9\tilde{x}_3$$

此时，需要 a_5、a_9 均为负，可以设计参数得到具有较好稳定裕度的一类状态观测器，满足如下条件：

$$a_4 - k_3 = a_2$$
$$a_7 - k_5 = a_3$$

在此，仅讨论一个状态需要观测的情况，此时需要 a_9 为负，才能设计出具有较大稳定裕度的状态观测器。由于众多参数可调，因此可以设计出具有较好稳定裕度的一类状态观测器，满足如下条件：

$$a_2 - k_2 + a_4 - k_3 = 0$$
$$a_8 - k_6 + a_6 = 0 \qquad\qquad （2\text{-}20）$$
$$a_3 + a_7 - k_5 = 0$$

2.3.3 系统的稳定裕度分析

将上述三阶系统改写成如下形式：

$$\dot{\tilde{x}}_1 = a_{11}\tilde{x}_1 + a_{12}\tilde{x}_2 + a_{13}\tilde{x}_3$$
$$\dot{\tilde{x}}_2 = a_{21}\tilde{x}_1 + a_{22}\tilde{x}_2 + a_{23}\tilde{x}_3 \qquad\qquad （2\text{-}21）$$
$$\dot{\tilde{x}}_3 = a_{31}\tilde{x}_1 + a_{32}\tilde{x}_2 + a_{33}\tilde{x}_3$$

则其稳定裕度可用如下指标衡量：

$$M = (-a_{11} - |a_{12} + a_{21}|/2 - |a_{13} + a_{31}|/2)\Gamma_1^2 +$$
$$(-a_{22} - |a_{12} + a_{21}|/2 - |a_{23} + a_{32}|/2)\Gamma_2^2 + \qquad （2\text{-}22）$$
$$(-a_{33} - |a_{13} + a_{31}|/2 - |a_{23} + a_{32}|/2)\Gamma_3^2$$

2.3.4 非线性对系统稳定裕度的影响

假设上述系统中含有非线性项：

$$\dot{\tilde{x}}_1 = a_{11}\tilde{x}_1 + a_{12}\tilde{x}_2 + a_{13}\tilde{x}_3 + x_1 x_2$$
$$\dot{\tilde{x}}_2 = a_{21}\tilde{x}_1 + a_{22}\tilde{x}_2 + a_{23}\tilde{x}_3 + x_1^3 \qquad\qquad （2\text{-}23）$$
$$\dot{\tilde{x}}_3 = a_{31}\tilde{x}_1 + a_{32}\tilde{x}_2 + a_{33}\tilde{x}_3 + x_1 x_2 x_3$$

处理原则是假设状态 x_1、x_2、x_3 的可靠限制区间为 $|x_1| < \Gamma_{1a}$、$|x_2| < \Gamma_{2a}$、$|x_3| < \Gamma_{3a}$，则有 $x_1 x_2 \leqslant \Gamma_{2a}|x_1|$，$x_1^3 \leqslant \Gamma_{1a}^2|x_1|$，$x_1 x_2 x_3 \leqslant \Gamma_{1a}\Gamma_{2a}|x_3|$。则系统稳定裕度可以计算为

$$M = \left(-a_{11} - \Gamma_{2a} - \frac{\Gamma_{1a}^2}{2} - |a_{12} + a_{21}|/2 - |a_{13} + a_{31}|/2\right)\Gamma_1^2 +$$

$$\left(-a_{22} - \frac{\Gamma_{1a}^2}{2} - |a_{12} + a_{21}|/2 - |a_{23} + a_{32}|/2\right)\Gamma_2^2 + \quad \text{（2-24）}$$

$$(-a_{33} - \Gamma_{1a}\Gamma_{2a} - |a_{13} + a_{31}|/2 - |a_{23} + a_{32}|/2)\Gamma_3^2$$

2.3.5 不确定性对系统稳定裕度的影响

假设上述系统中含有不确定项：

$$\dot{\tilde{x}}_1 = a_{11}\tilde{x}_1 + a_{12}\tilde{x}_2 + a_{13}\tilde{x}_3 + x_1 x_2 + \Delta_1$$
$$\dot{\tilde{x}}_2 = a_{21}\tilde{x}_1 + a_{22}\tilde{x}_2 + a_{23}\tilde{x}_3 + x_1^3 + \Delta_2 \quad \text{（2-25）}$$
$$\dot{\tilde{x}}_3 = a_{31}\tilde{x}_1 + a_{32}\tilde{x}_2 + a_{33}\tilde{x}_3 + x_1 x_2 x_3 + \Delta_3$$

不确定性满足界的限制：

$$|\Delta_1| \leqslant k_{11}|x_1| + k_{12}|x_2| + k_{13}|x_3| + k_{14}$$
$$|\Delta_2| \leqslant k_{21}|x_1| + k_{22}|x_2| + k_{23}|x_3| + k_{24} \quad \text{（2-26）}$$
$$|\Delta_2| \leqslant k_{31}|x_1| + k_{32}|x_2| + k_{33}|x_3| + k_{34}$$

则上述系统的稳定裕度可以定量计算如下：

$$M = \left(-a_{11} - \Gamma_{2a} - k_{11} - \frac{k_{12} + k_{21}}{2} - \frac{k_{13} + k_{31}}{2} - \frac{\Gamma_{1a}^2}{2} - |a_{12} + a_{21}|/2 - |a_{13} + a_{31}|/2\right)\Gamma_1^2 +$$

$$\left(-a_{22} - k_{22} - \frac{k_{12} + k_{21}}{2} - \frac{k_{23} + k_{32}}{2} - \frac{\Gamma_{1a}^2}{2} - |a_{12} + a_{21}|/2 - |a_{23} + a_{32}|/2\right)\Gamma_2^2 +$$

$$\left(-a_{33} - k_{33} - \frac{k_{13} + k_{31}}{2} - \frac{k_{23} + k_{32}}{2} - \Gamma_{1a}\Gamma_{2a} - |a_{13} + a_{31}|/2 - |a_{23} + a_{32}|/2\right)\Gamma_3^2$$

$$= k_{m1}\Gamma_1^2 + k_{m2}\Gamma_2^2 + k_{m3}\Gamma_3^2$$

（2-27）

此时，系统的稳定区间满足

$$|x_1| > \frac{k_{14}}{k_{m1}}, \quad |x_2| > \frac{k_{24}}{k_{m2}}, \quad |x_3| > \frac{k_{34}}{k_{m3}}$$

常值干扰与系统稳定裕度对上述区间的影响分析情况与二阶系统情况类似，详见第 2.2 节，在此不再赘述。

2.4　引入控制律的三阶系统的状态观测器的仿真研究

以一类简单的三阶系统为例，编写如下程序进行仿真研究。其中设定常值干扰为 10，详细计算机程序如下。

```
clc;clear;close all;
dt=0.01;tf=40;z1=1;z2=2;z3=3;
for i=1:tf/dt
    dz1=-z1+0.2*z2+0.5*z3+10;
    dz2=-z2-0.2*z1+0.6*z3+10;
    dz3=-z3-0.5*z1-0.6*z2+10;
    z1=z1+dz1*dt;
    z2=z2+dz2*dt;
    z3=z3+dz3*dt;
    t=i*dt;
    tp(i)=t;
    z1p(i)=z1;z2p(i)=z2;z3p(i)=z3;
end
figure(1)
plot(tp,z1p);
figure(2)
plot(tp,z2p);
figure(3)
plot(tp,z3p);
```

从图 2-1 ~ 图 2-3 中的仿真结果可以看出，常值干扰仅改变了线性系统的平衡点位置，但不影响观测器稳定性与稳定裕度，因此本质上不会损坏系统的稳定裕度。但改变平衡点的位置，又影响状态的可靠限制区间，从而影响系统在非线性与不确定条件下的稳定裕度定量计算结果。

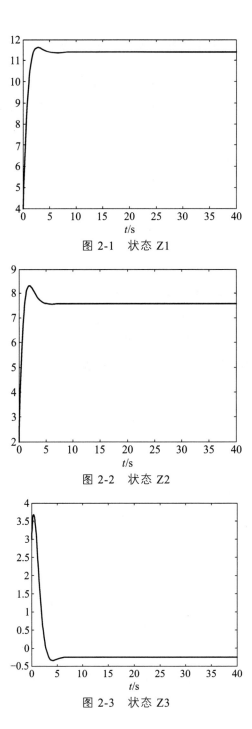

图 2-1　状态 Z1

图 2-2　状态 Z2

图 2-3　状态 Z3

2.4.1 积分控制对系统稳定裕度的影响

在上述分析的基础上，考虑常值干扰情况下，对系统稳态误差有较大的影响，因此在系统中加入积分控制，相当于将系统改造如下：

$$
\begin{aligned}
\dot{\tilde{x}}_0 &= \tilde{x}_1 \\
\dot{\tilde{x}}_1 &= a_{11}\tilde{x}_1 + a_{12}\tilde{x}_2 + a_{13}\tilde{x}_3 - \int \tilde{x}_1 \mathrm{d}t + x_1 x_2 + \Delta_1 \\
\dot{\tilde{x}}_2 &= a_{21}\tilde{x}_1 + a_{22}\tilde{x}_2 + a_{23}\tilde{x}_3 + x_1^3 + \Delta_2 \\
\dot{\tilde{x}}_3 &= a_{31}\tilde{x}_1 + a_{32}\tilde{x}_2 + a_{33}\tilde{x}_3 + x_1 x_2 x_3 + \Delta_3
\end{aligned}
\tag{2-28}
$$

可以进一步简化为

$$
\begin{aligned}
\dot{\tilde{x}}_0 &= \tilde{x}_1 \\
\dot{\tilde{x}}_1 &= a_{11}\tilde{x}_1 + a_{12}\tilde{x}_2 + a_{13}\tilde{x}_3 - \tilde{x}_0 + x_1 x_2 + \Delta_1 \\
\dot{\tilde{x}}_2 &= a_{21}\tilde{x}_1 + a_{22}\tilde{x}_2 + a_{23}\tilde{x}_3 + x_1^3 + \Delta_2 \\
\dot{\tilde{x}}_3 &= a_{31}\tilde{x}_1 + a_{32}\tilde{x}_2 + a_{33}\tilde{x}_3 + x_1 x_2 x_3 + \Delta_3
\end{aligned}
\tag{2-29}
$$

则上述系统的稳定裕度不变，可以定量计算如下：

$$
\begin{aligned}
M &= \left(-a_{11} - \Gamma_{2a} - k_{11} - \frac{k_{12}+k_{21}}{2} - \frac{k_{13}+k_{31}}{2} - \frac{\Gamma_{1a}^2}{2} - |a_{12}+a_{21}|/2 - |a_{13}+a_{31}|/2 \right)\Gamma_1^2 + \\
&\quad \left(-a_{22} - k_{22} - \frac{k_{12}+k_{21}}{2} - \frac{k_{23}+k_{32}}{2} - \frac{\Gamma_{1a}^2}{2} - |a_{12}+a_{21}|/2 - |a_{23}+a_{32}|/2 \right)\Gamma_2^2 + \\
&\quad \left(-a_{33} - k_{33} - \frac{k_{13}+k_{31}}{2} - \frac{k_{23}+k_{32}}{2} - \Gamma_{1a}\Gamma_{2a} - |a_{13}+a_{31}|/2 - |a_{23}+a_{32}|/2 \right)\Gamma_3^2 \\
&= k_{m1}\Gamma_1^2 + k_{m2}\Gamma_2^2 + k_{m3}\Gamma_3^2
\end{aligned}
\tag{2-30}
$$

说明 2.1：可以通过数字仿真试验分析表明，对于对角元素均为负的矩阵系统，当矩阵对称铰链系数两者完全抵消时，系统具有最好的稳定性，此时三个根的快速性相当。否则必然导致一个根非常快，而其他的根较慢的情况。

说明 2.2：从仿真实验得出的结论来看，铰链项会减慢系统的响应速度。

思考 2.1： 为何工程设计中的积分器都没有调到系数 1？此时是否为了追求某一个根特别快的响应？

从仿真来看，含有积分器的系统，主对角元素含有 0，此时积分系数越大，系统的根响应越快。但当其进入非 0 主对角元素平均值的 6 倍以上时，响应速度几乎进入饱和，再增加积分系数，会增加系统的振荡。

结论 2.2： 当主对角元素相同时，铰链项系数会增大特征根之间的差别；当主对角元素不同时，铰链项又会减少特征根之间的差别；当特征根之间接近到一定程度，再增加铰链项系数，又会增加系统的振荡。

综上所述，可以得出评价积分系统的稳定裕度的如下结论。

结论 2.3： 单独的积分控制，不管系数如何变化，不影响系统的稳定性，只要积分系数的极性正确，那么系统都是绝对稳定的，但稳定裕度是有影响的。随着积分系数的增加，系统的动态特性将出现使系统响应加快，直至出现系统振荡的现象。

说明 2.3： 随着系统振荡的增加，被积分状态偏离平衡点的幅度必然增加，同样也增大状态的可靠限制区间，从而会影响系统在非线性与不确定条件下的稳定裕度定量计算结果。即计算公式中的 Γ_{1a} 会增大。同时，随着铰链系数的增大，稳定裕度的计算本身也有变化，同样导致稳定裕度减小。

插入积分器后的仿真程序如下：

```
clc;clear;close all;
dt=0.01;tf=40;z1=4;z2=2;z3=3;z0=0;
for i=1:tf/dt
    dz0=-50*z0*0+z1;
    z0=z0+dz0*dt;
    dz1=-z1+0.2*z2+0.5*z3+10-z0;
    dz2=-z2-0.2*z1+0.6*z3+10;
    dz3=-z3-0.5*z1-0.6*z2+10;
    z1=z1+dz1*dt;
```

```
        z2=z2+dz2*dt;
        z3=z3+dz3*dt;
        t=i*dt;
        tp(i)=t;
        z1p(i)=z1;z2p(i)=z2;z3p(i)=z3;
end
figure(1)
plot(tp,z1p,'LineWidth',2);
xlabel('t/s')
ylabel('z1')
figure(2)
plot(tp,z2p,'LineWidth',2);
xlabel('t/s')
ylabel('z2')
figure(3)
plot(tp,z3p,'LineWidth',2);
xlabel('t/s')
ylabel('z3')
```

仿真结果如图 2-4 ~ 图 2-6 所示。

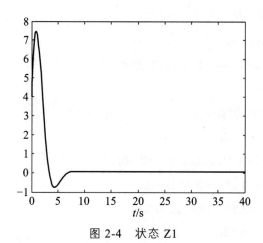

图 2-4　状态 Z1

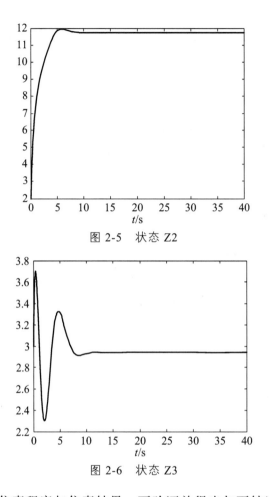

图 2-5　状态 Z2

图 2-6　状态 Z3

　　根据上述仿真程序与仿真结果，可验证并得出如下结论。

　　结论 2.4：针对主对角元素为 0 的积分控制系统，可以先不考虑积分控制，分析原系统的稳定裕度构成与参数选取合理性。然后再选取合适的参数，使得系统振荡与快速性得到兼顾，动态性能满足系统设计要求。

2.4.2　惯性环节对系统稳定裕度的影响

　　思考 2.2：除了引入积分器外，是否可以引入惯性环节，减小系统的稳态误差，同时增大系统的稳定裕度？

018

为了验证上述思考问题，将积分控制用惯性环节代替，此时系统改写为

$$
\begin{aligned}
\dot{\tilde{x}}_0 &= a_{00}\tilde{x}_0 + \tilde{x}_1 \\
\dot{\tilde{x}}_1 &= a_{11}\tilde{x}_1 + a_{12}\tilde{x}_2 + a_{13}\tilde{x}_3 - \tilde{x}_0 + x_1 x_2 + \Delta_1 \\
\dot{\tilde{x}}_2 &= a_{21}\tilde{x}_1 + a_{22}\tilde{x}_2 + a_{23}\tilde{x}_3 + x_1^3 + \Delta_2 \\
\dot{\tilde{x}}_3 &= a_{31}\tilde{x}_1 + a_{32}\tilde{x}_2 + a_{33}\tilde{x}_3 + x_1 x_2 x_3 + \Delta_3
\end{aligned}
\tag{2-31}
$$

上述系统的稳定裕度定量计算可以描述如下：

$$
\begin{aligned}
M = &-a_{00}\Gamma_0^2 - \left(-a_{11} - \Gamma_{2a} - k_{11} - \frac{k_{12}+k_{21}}{2} - \frac{k_{13}+k_{31}}{2} - \frac{\Gamma_{1a}^2}{2} - |a_{12}+a_{21}|/2 - |a_{13}+a_{31}|/2\right)\Gamma_1^2 + \\
&\left(-a_{22} - k_{22} - \frac{k_{12}+k_{21}}{2} - \frac{k_{23}+k_{32}}{2} - \frac{\Gamma_{1a}^2}{2} - |a_{12}+a_{21}|/2 - |a_{23}+a_{32}|/2\right)\Gamma_2^2 + \\
&\left(-a_{33} - k_{33} - \frac{k_{13}+k_{31}}{2} - \frac{k_{23}+k_{32}}{2} - \Gamma_{1a}\Gamma_{2a} - |a_{13}+a_{31}|/2 - |a_{23}+a_{32}|/2\right)\Gamma_3^2 \\
= &\, k_{m1}\Gamma_1^2 + k_{m2}\Gamma_2^2 + k_{m3}\Gamma_3^2
\end{aligned}
\tag{2-32}
$$

加入惯性环节后的程序如下：

```
clc;clear;close all;
dt=0.01;tf=40;z1=4;z2=2;z3=3;z0=0;
for i=1:tf/dt

%    dz0=-0.001/(abs(z1)+0.001)*z0*1+z1;
     dz0=-5*z0*1+z1;
     z0=z0+dz0*dt;
     dz1=-z1+0.2*z2+0.5*z3+10-10*z0;
     dz2=-z2-0.2*z1+0.6*z3+10;
     dz3=-z3-0.5*z1-0.6*z2+10;
     z1=z1+dz1*dt;
     z2=z2+dz2*dt;
     z3=z3+dz3*dt;
```

```
        t=i*dt;
        tp(i)=t;
        z1p(i)=z1;z2p(i)=z2;z3p(i)=z3;z0p(i)=z0;
end
figure(1)
plot(tp,z1p,'LineWidth',2);
xlabel('t/s')
ylabel('z1')
figure(2)
plot(tp,z2p,'LineWidth',2);
xlabel('t/s')
ylabel('z2')
figure(3)
plot(tp,z3p,'LineWidth',2);
xlabel('t/s')
ylabel('z3')
figure(4)
plot(tp,z0p,'LineWidth',2);
xlabel('t/s')
ylabel('z0')
```

仿真结果如图 2-7 ~ 图 2-10 所示。

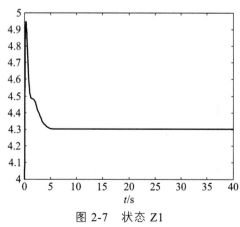

图 2-7 状态 Z1

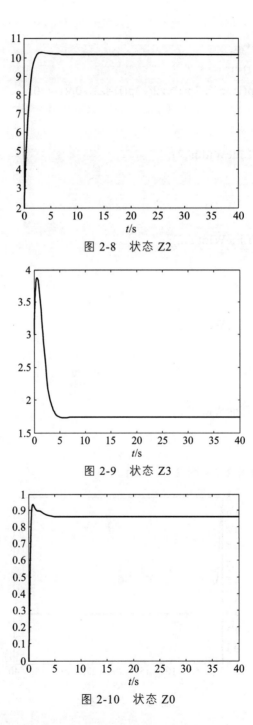

图 2-8 状态 Z2

图 2-9 状态 Z3

图 2-10 状态 Z0

由上述仿真程序与仿真结果可以验证并得出如下结论。

结论 2.5：随着惯性环节的引入，可以减小稳态误差，但不能像积分器那样消除稳态误差。同时，随着惯性时间常数的增大，系统稳定裕度增加，但稳态误差也会增加。而惯性时间常数减小，则系统稳定裕度减小，稳态误差也会减小。因此稳态误差和稳定裕度是不可调和的矛盾，在设计时需要平衡折衷兼顾考虑。

2.4.3 积分系数变化对系统稳定裕度的影响

思考 2.3：积分系数的变化，是否会影响系统的稳定裕度？如何定量计算？

前面已经给出了积分系数变化对系统稳定裕度影响的定性描述，即积分系数偏离标称值 1 越大，系统的响应越快，振荡越大，但同时稳定裕度也将减小。下面给出定量计算的方法。在前面系统讨论基础上，考虑积分系数不为 1 的系统：

$$
\begin{aligned}
\dot{\tilde{x}}_0 &= a_{00}\tilde{x}_0 + \tilde{x}_1 \\
\dot{\tilde{x}}_1 &= a_{11}\tilde{x}_1 + a_{12}\tilde{x}_2 + a_{13}\tilde{x}_3 - k_s\tilde{x}_0 + x_1 x_2 + \Delta_1 \\
\dot{\tilde{x}}_2 &= a_{21}\tilde{x}_1 + a_{22}\tilde{x}_2 + a_{23}\tilde{x}_3 + x_1^3 + \Delta_2 \\
\dot{\tilde{x}}_3 &= a_{31}\tilde{x}_1 + a_{32}\tilde{x}_2 + a_{33}\tilde{x}_3 + x_1 x_2 x_3 + \Delta_3
\end{aligned}
\tag{2-33}
$$

其中，k_s 为积分系数，则上述系统的稳定裕度计算可以定义为

$$
\begin{aligned}
M =& (-a_{00} - |1-k_s|/2)\Gamma_0^2 - \\
& \left(-a_{11} - |1-k_s|/2 - \Gamma_{2a} - k_{11} - \frac{k_{12}+k_{21}}{2} - \frac{k_{13}+k_{31}}{2} - \frac{\Gamma_{1a}^2}{2} - |a_{12}+a_{21}|/2 - |a_{13}+a_{31}|/2\right)\Gamma_1^2 + \\
& \left(-a_{22} - k_{22} - \frac{k_{12}+k_{21}}{2} - \frac{k_{23}+k_{32}}{2} - \frac{\Gamma_{1a}^2}{2} - |a_{12}+a_{21}|/2 - |a_{23}+a_{32}|/2\right)\Gamma_2^2 + \\
& \left(-a_{33} - k_{33} - \frac{k_{13}+k_{31}}{2} - \frac{k_{23}+k_{32}}{2} - \Gamma_{1a}\Gamma_{2a} - |a_{13}+a_{31}|/2 - |a_{23}+a_{32}|/2\right)\Gamma_3^2 \\
=& k_{m0}\Gamma_0^2 + k_{m1}\Gamma_1^2 + k_{m2}\Gamma_2^2 + k_{m3}\Gamma_3^2
\end{aligned}
$$

$$\tag{2-34}$$

通过上述稳定裕度定量计算的表达式，不难得出如下结论：

结论 2.6：在 $1-k_s \neq 0$ 时，系统的稳定裕度是有所降低的。但选取 $1-k_s = 0$ 时，由于对角元素有一个为 0，系统的根有一个响应速度较慢，导致系统的快速性不好。因此为了加快系统的响应速度可以选取 $k_s > 1$。

结论 2.7：积分系数的增大，会减小系统的稳态误差，但同时也会减小系统的稳定裕度。

2.4.4 变增益惯性环节积分器对系统稳定裕度的影响

思考 2.4：是否可以采用变增益或模糊控制的手段，来调节惯性环节的时间常数，使其动态时候时间常数较小，具有积分器的效果，而稳态的时候时间常数较大，具有较大的稳定裕度？

该类变增益惯性环节积分器可以设计如下：

$$
\begin{aligned}
\dot{\tilde{x}}_0 &= -\frac{0.001}{|\tilde{x}_1| + 0.001}\tilde{x}_0 + \tilde{x}_1 \\
\dot{\tilde{x}}_1 &= a_{11}\tilde{x}_1 + a_{12}\tilde{x}_2 + a_{13}\tilde{x}_3 - k_s\tilde{x}_0 + x_1 x_2 + \Delta_1 \\
\dot{\tilde{x}}_2 &= a_{21}\tilde{x}_1 + a_{22}\tilde{x}_2 + a_{23}\tilde{x}_3 + x_1^3 + \Delta_2 \\
\dot{\tilde{x}}_3 &= a_{31}\tilde{x}_1 + a_{32}\tilde{x}_2 + a_{33}\tilde{x}_3 + x_1 x_2 x_3 + \Delta_3
\end{aligned}
\tag{2-35}
$$

显然，当初始误差较大时，$\dfrac{0.001}{|\tilde{x}_1| + 0.001}$ 较小，此时惯性环节更趋近于积分器，误差迅速减小；而随着误差减小，$\dfrac{0.001}{|\tilde{x}_1| + 0.001}$ 增大，因此系统的稳定裕度增加。此时，仿真程序如下：

```
clc;clear;close all;
dt=0.01;tf=40;z1=4;z2=2;z3=3;z0=0;
for i=1:tf/dt

        dz0=-0.001/(abs(z1)+0.001)*z0*1+z1;
%    dz0=-5*z0*1+z1;
        z0=z0+dz0*dt;
```

```
        dz1=-z1+0.2*z2+0.5*z3+10-1*z0;

        dz2=-z2-0.2*z1+0.6*z3+10;

        dz3=-z3-0.5*z1-0.6*z2+10;

        z1=z1+dz1*dt;

        z2=z2+dz2*dt;

        z3=z3+dz3*dt;

        t=i*dt;

        tp(i)=t;

        z1p(i)=z1;z2p(i)=z2;z3p(i)=z3;z0p(i)=z0;

end

figure(1)

plot(tp,z1p,'LineWidth',2);

xlabel('t/s')

ylabel('z1')

figure(2)

plot(tp,z2p,'LineWidth',2);

xlabel('t/s')

ylabel('z2')

figure(3)

plot(tp,z3p,'LineWidth',2);

xlabel('t/s')

ylabel('z3')

figure(4)

plot(tp,z0p,'LineWidth',2);

xlabel('t/s')

ylabel('z0')
```

得到的仿真结果如图 2-11 ~ 图 2-14 所示。

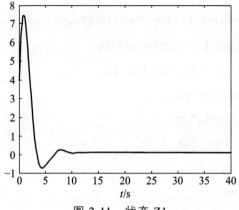

图 2-11　状态 Z1

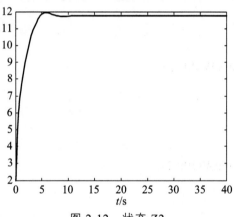

图 2-12　状态 Z2

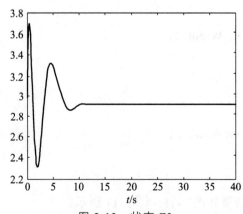

图 2-13　状态 Z3

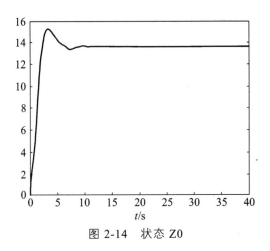

图 2-14　状态 Z0

由仿真结果可以看出，采用变增益惯性环节积分器，确实能够实现兼顾稳定裕度与稳态误差的要求。

同时，我们猜测采用模糊规则库的模糊控制思路与方法，也可以得到与变增益函数同样的效果，在此不再赘述，留给有兴趣的读者自行试探与验证。

2.5　非最小相位系统的反馈控制与稳定裕度分析

非最小相位系统的控制问题，一直是控制系统设计与分析的一个难点问题。在此采用稳定裕度定量分析的方法进行深入研究剖析。针对如下非最小相位系统：

$$\dot{x}_1 = -2x_1 + 4x_2 + 15u_1$$
$$\dot{x}_2 = 4x_1 + x_2 + u_1$$

（2-36）

采用计算机程序计算如下系统传递函数零极点：

a=[-2 4;4 1;]; b=[15 ; 1]; c=[1 0]; d=[0];

[z,p,k]=ss2zp(a,b,c,d)

得到结果为

z = 0.7333 ;p = − 4.7720,3.7720;k =15

可见系统为非最小相位系统，具有不稳定的零点。采用反馈控制设计：

$$u = -k_1 x_1 - k_2 x_2$$

则系统可以改写为

$$\dot{x}_1 = (-2 - 15k_1)x_1 + (4 - 15k_2)x_2$$
$$\dot{x}_2 = (4 - k_1)x_1 + (1 - k_2)x_2 \tag{2-37}$$

系统的增益稳定裕度计算如下：

$$M = -(-2 - 15k_1)\Gamma_1^2 - (1 - k_2)\Gamma_2^2 -$$
$$\frac{|8 - 15k_2 - k_1|}{2}\Gamma_1^2 - \frac{|8 - 15k_2 - k_1|}{2}\Gamma_2^2 \tag{2-38}$$

考虑系统稳定性要求，选取 $k_1 > 1$，$k_2 > 1$，此时

$$M = (2 + 15k_1)\Gamma_1^2 + (k_2 - 1)\Gamma_2^2 +$$
$$\frac{(8 - 15k_2 - k_1)}{2}\Gamma_1^2 + \frac{(8 - 15k_2 - k_1)}{2}\Gamma_2^2 \tag{2-39}$$

进行化简得

$$M = \frac{(12 + 29k_1 - 15k_2)}{2}\Gamma_1^2 + \frac{(6 - 13k_2 - k_1)}{2}\Gamma_2^2 \tag{2-40}$$

如果要求系统稳定且有一定的稳定裕度，则要求 $\dfrac{(12 + 29k_1 - 15k_2)}{2}$ 与 $\dfrac{(6 - 13k_2 - k_1)}{2}$ 两者都大于 0。即

$$\frac{(12 + 29k_1 - 15k_2)}{2} > 0 , \quad \frac{(6 - 13k_2 - k_1)}{2} > 0$$

也即

$$12 + 29k_1 - 15k_2 > 0 , \quad 6 - 13k_2 - k_1 > 0$$

也即

$$k_1 > \frac{15}{29}k_2 - \frac{12}{29} , \quad k_1 < -13k_2 + 6$$

两个不等式采用如下计算机程序作图：

figure(1)

plot([0　1　100],[-12/29　3/29　1488/29],'r')

hold on

plot([0　1　100],[6　-7　-1294],'b')

得到结果如图 2-15 ~ 图 2-16 所示。

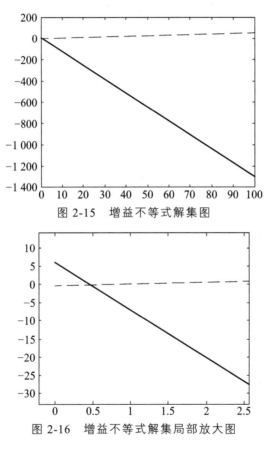

图 2-15　增益不等式解集图

图 2-16　增益不等式解集局部放大图

上述图横坐标为 k_2、纵坐标为 k_1，显然上述不等式的解为图中虚线之上和实线之下的部分。从图 2-15 中可以看出，几乎无解。而从图 2-16 中可以看出，解的增益在区间 $k_2 < 0.7$，显然又不满足系统稳定裕度计算的基本要求 $k_1 > 1$，$k_2 > 1$。$k_1 < 1$、$k_2 < 1$ 时必然导致系统的特征根为正或者为负，但稳定裕度不足。

由以上分析可以得出如下结论。

结论 2.8：由增益稳定裕度的计算方法可以非常清晰地得到非最小相位系统是难以控制的结论，即使其勉强稳定，也必然导致稳定裕度不足。其难以控制的原因在于，尽管可以尝试非线性控制方法，但非线性系统在本质上必须保证线性化后的线性系统稳定，因此如果线性反馈都不能保证非最小相位系统稳定，那么采用非线性控制更无法保证非最小相位系统稳定。

以上从增益稳定裕度的角度分析非最小相位系统的可控性，说明了增益稳定裕度的合理性，尤其是从稳定裕度角度评价与分析系统稳定性的合理性。

2.6 小 结

本章首先针对二阶系统，对观测器的构造与稳定裕度分析问题进行了系统的研究，特别是针对非线性与不确定性进行了数学定性与定量刻画，并给出了稳定裕度分析方法。在此基础之上，针对三阶系统，进行了更为详细深入的仿真研究，并针对积分控制、惯性环节以及积分系数与增益变换情况下积分器对系统性能的影响进行了深入的研究。最后，针对非最小相位系统这一特殊难题，进行了增益稳定裕度分析，也说明了非最小相位系统控制的难点所在。

第 3 章
高超声速飞行器俯仰通道的攻角
观测器设计与增益稳定裕度分析

3.1 引　言

高超声速飞行器的全弹道模型比较复杂，但和传统飞行器控制与设计相类似之处在于其一般也可以分解为俯仰通道、偏航通道与滚转通道三个通道解耦分开分析与设计。因此下文主要是针对高超声速飞行器俯仰通道的四阶系统来进行分析。尽管我们忽略了其他通道的耦合与铰链影响，但就俯仰通道来说，下文考虑的是其非线性模型，而非简化模型，其优点在于更接近工程的实际需要，但缺点可以看出，其设计与分析都非常烦琐。

3.2 模型描述

下面引用南京理工大学学者周川、张浩华[12]与南京航空大学学者姜斌、高志峰[13]的某型高超声速飞行器俯仰通道模型如下：

$$
\begin{aligned}
&\dot{V} = \frac{(T\cos\alpha - D)}{m} - g\sin\gamma \\
&\dot{h} = V\sin\gamma \\
&\dot{\gamma} = \frac{1}{mV}(L + T\sin\alpha) - \frac{1}{V}g\cos\gamma \\
&\dot{q} = \frac{M_y(\alpha)}{I_{yy}} \\
&\dot{\alpha} = q - \dot{\gamma}
\end{aligned}
\qquad (3\text{-}1)
$$

其中，V 为飞行器速度，h 为飞行器高度，α 为飞行器攻角，q 为飞行器俯仰角速度，γ 为飞行器弹道倾角，发动机模型如下：

$$C_T = \begin{cases} 0.025\ 76\beta, & \beta < 1 \\ 0.022\ 4 + 0.003\ 36\beta, & \beta > 1 \end{cases} \tag{3-2}$$

$$T = \overline{q}SC_T$$

气动参数、气动力以及力矩相关的模型参数如下：

$$\overline{q} = 0.5\rho V^2, \quad D = \overline{q}SC_D, \quad L = \overline{q}SC_L$$

$$C_L = C_L^\alpha \alpha + C_L^\delta \delta + C_L^0, \quad C_D = C_d^{\alpha^2} \alpha^2 + C_D^\alpha \alpha + C_D^{\delta^2} \delta^2 + C_D^\delta \delta + C_D^0$$

$$M = \overline{q}S\overline{c}[C_{M\alpha} + C_{M\delta} + C_{Mq}] \tag{3-3}$$

$$C_{M\alpha} = C_{M\alpha}^{\alpha^2} \alpha^2 + C_{M\alpha}^\alpha \alpha + C_{M\alpha}^0$$

$$C_{M\delta} = c_e(\delta_e - \alpha)$$

代入具体数值得

$$C_{M\alpha} = -0.035\alpha^2 + 0.036\ 617\alpha + 5.326 \times 10^{-6}$$

$$C_{Mq} = \frac{\overline{c}q}{2V}(-6.79\alpha^2 + 0.301\ 5\alpha - 0.228\ 9)$$

$$C_{M\delta} = 0.029\ 2(\delta - \alpha) \tag{3-4}$$

$$C_L = 0.620\ 3\alpha$$

$$C_D = 0.645\alpha^2 + 0.004\ 337\ 8\alpha + 0.003\ 772$$

飞行器的物理参数如下：

$$m = 136\ 781.3$$

$$V = 4\ 602.5$$

$$h = 33\ 528 \tag{3-5}$$

$$I_y = 9.5 \times 10^6$$

$$\rho = 0.012\ 5$$

$$\overline{c} = 24.4$$

相关的符号与变量名称在一般文献中均可查到，在此不再赘述。

3.3 攻角观测器的构建

根据飞行器模型的四阶系统，构建以高度、姿态角速度与姿态角测量信息为基础的观测器系统：

$$\dot{\hat{h}} = V \sin \hat{\gamma} + k_{11} \tilde{h} + k_{12} \tilde{\gamma} + k_{13} \tilde{q}$$
$$\dot{\hat{\gamma}} = \frac{1}{mV}(\hat{L} + T \sin \hat{\alpha}) - \frac{1}{V} g \cos \hat{\gamma} + k_{21} \tilde{h} + k_{22} \tilde{\gamma} + k_{23} \tilde{q}$$
$$\dot{\hat{q}} = \frac{\hat{M}_y(\hat{\alpha})}{I_{yy}} + k_{31} \tilde{h} + k_{32} \tilde{\gamma} + k_{33} \tilde{q} \qquad (3\text{-}6)$$
$$\dot{\hat{\alpha}} = \hat{q} - \dot{\hat{\gamma}} + k_{41} \tilde{h} + k_{42} \tilde{\gamma} + k_{43} \tilde{q}$$

其中，

$$\hat{L} = \overline{q}SC_L = 0.620\,3\overline{q}S\hat{\alpha}$$
$$\hat{M}_y(\hat{\alpha}) = \overline{q}S\overline{c}[\hat{C}_{M\alpha} + \hat{C}_{M\delta} + \hat{C}_{Mq}]$$
$$\hat{C}_{M\alpha} = -0.035\hat{\alpha}^2 + 0.036\,617\hat{\alpha} + 5.326 \times 10^{-6} \qquad (3\text{-}7)$$
$$\hat{C}_{Mq} = \frac{\overline{c}q}{2V}(-6.79\hat{\alpha}^2 + 0.301\,5\hat{\alpha} - 0.228\,9)$$
$$\hat{C}_{M\delta} = 0.029\,2(\delta - \hat{\alpha})$$

误差变量定义为

$$\tilde{h} = h - \hat{h} , \quad \tilde{\gamma} = \gamma - \hat{\gamma} , \quad \tilde{q} = q - \hat{q} , \quad \tilde{\alpha} = \alpha - \hat{\alpha}$$

此时误差系统模型可以写为

$$\dot{\tilde{h}} = V(\sin \gamma - \sin \hat{\gamma}) - k_{11} \tilde{h} - k_{12} \tilde{\gamma} - k_{13} \tilde{q}$$
$$\dot{\tilde{\gamma}} = \frac{1}{mV}(L - \hat{L} + T(\sin \alpha - \sin \hat{\alpha})) - \frac{1}{V} g(\cos \gamma - \cos \hat{\gamma}) - k_{21} \tilde{h} - k_{22} \tilde{\gamma} - k_{23} \tilde{q}$$
$$\dot{\tilde{q}} = \frac{M_y(\alpha) - \hat{M}_y(\hat{\alpha})}{I_{yy}} - k_{31} \tilde{h} - k_{32} \tilde{\gamma} - k_{33} \tilde{q} \qquad (3\text{-}8)$$
$$\dot{\tilde{\alpha}} = q - \dot{\gamma} - \hat{q} + \dot{\hat{\gamma}} + k_{41} \tilde{h} + k_{42} \tilde{\gamma} + k_{43} \tilde{q}$$

3.4 攻角观测器误差模型的整理

上述模型可以写为如下形式：

$$\dot{\tilde{h}} = -k_{11}\tilde{h} - k_{12}\tilde{\gamma} - k_{13}\tilde{q} + \Delta f_1$$
$$\dot{\tilde{\gamma}} = -k_{21}\tilde{h} - k_{22}\tilde{\gamma} - k_{23}\tilde{q} + \Delta f_2$$
$$\dot{\tilde{q}} = -k_{31}\tilde{h} - k_{32}\tilde{\gamma} - k_{33}\tilde{q} + \Delta f_3 \qquad (3\text{-}9)$$
$$\dot{\tilde{\alpha}} = -k_{41}\tilde{h} - k_{42}\tilde{\gamma} - k_{43}\tilde{q} + \Delta f_4$$

相关变量定义如下：

$$\Delta f_1 = V(\sin\gamma - \sin\hat{\gamma})$$
$$\Delta f_2 = \frac{1}{mV}(L - \hat{L} + T(\sin\alpha - \sin\hat{\alpha})) - \frac{1}{V}g(\cos\gamma - \cos\hat{\gamma})$$
$$\Delta f_3 = \frac{M_y(\alpha) - \hat{M}_y(\hat{\alpha})}{I_{yy}} \qquad (3\text{-}10)$$
$$\Delta f_4 = q - \dot{\gamma} - \hat{q} + \dot{\hat{\gamma}}$$

其中，$\dot{\hat{\gamma}} = \frac{1}{mV}(\hat{L} + T(\sin\hat{\alpha})) - \frac{1}{V}g\cos\hat{\gamma}$。

3.4.1 第一、二个子系统模型的不确定性简化

根据中值定理有

$$\Delta f_1 = V\cos\gamma_a(\gamma - \hat{\gamma}) , \quad \gamma_a \in [\gamma, \quad \hat{\gamma}]$$

故满足如下不等式：

$$|\Delta f_1| \leq V|\tilde{\gamma}|$$

对第二个子系统模型的简化处理如下：

$$|\Delta f_2| = \frac{1}{mV}(0.620\ 3\overline{q}S\tilde{\alpha} + T(\sin\alpha - \sin\hat{\alpha})) - \frac{1}{V}g(\cos\gamma - \cos\hat{\gamma})$$

$$T(\sin\alpha - \sin\hat{\alpha}) = T\cos\alpha_a\tilde{\alpha} , \quad \alpha_a \in [\alpha, \quad \hat{\alpha}]$$

则有

$$\left| T(\sin\alpha - \sin\hat{\alpha}) \right| \leqslant T\left| \tilde{\alpha} \right|$$

同理有

$$\left| -\frac{1}{V}g(\cos\gamma - \cos\hat{\gamma}) \right| = \left| -\frac{g}{V}\sin\gamma_a\tilde{\gamma} \right| \leqslant \frac{g}{V}\sin\gamma_{max}\left| \tilde{\gamma} \right|$$

其中，$\gamma_a \in [\gamma, \ \hat{\gamma}]$。

此时，模型不确定性可以改写为

$$
\begin{aligned}
&\Delta f_2 = \Delta f_{21} + \Delta f_{22} \\
&\Delta f_{21} = \frac{1}{mV}(L - \hat{L}) = \frac{0.620\,3}{mV}\overline{q}S\tilde{\alpha} \\
&\Delta f_{22} = \frac{1}{mV}(T(\sin\alpha - \sin\hat{\alpha})) - \frac{1}{V}g(\cos\gamma - \cos\hat{\gamma}) \\
&\left| \Delta f_{22} \right| \leqslant \frac{1}{mV}T\left| \tilde{\alpha} \right| + \frac{g}{V}\sin\gamma_{max}\left| \tilde{\gamma} \right|
\end{aligned}
\qquad (3\text{-}11)
$$

γ_{max} 为 γ 与 $\hat{\gamma}$ 在飞行器飞行过程中出现的最大值，同时有

$$
\begin{aligned}
\Delta f_3 = \frac{\overline{q}Sc}{I_{yy}}[&-0.035(\alpha^2 - \hat{\alpha}^2) + 0.036\,617(\alpha - \hat{\alpha}) - \\
&6.79\frac{\overline{c}}{2V}(q\alpha^2 - \hat{q}\hat{\alpha}^2) + 0.301\,5\frac{\overline{c}}{2V}(q\alpha - \hat{q}\hat{\alpha}) - 0.029\,2(\alpha - \hat{\alpha})]
\end{aligned}
\qquad (3\text{-}12)
$$

3.4.2　第三个子系统模型的不确定性简化

针对公式（3-12），可以整理为两部分：

$$\Delta f_3 = \Delta f_{31} + \Delta f_{32} \qquad (3\text{-}13)$$

其中，

$$
\begin{aligned}
&\Delta f_{31} = \frac{\overline{q}Sc}{I_{yy}}(0.036\,617\alpha - 0.029\,2\tilde{\alpha}) = 0.007\,417\frac{\overline{q}Sc}{I_{yy}}\tilde{\alpha} \\
&\Delta f_{32} = \frac{\overline{q}Sc}{I_{yy}}[-0.035(\alpha^2 - \hat{\alpha}^2) - 6.79\frac{\overline{c}}{2V}(q\alpha^2 - \hat{q}\hat{\alpha}^2) + \\
&\qquad\qquad 0.301\,5\frac{\overline{c}}{2V}(q\alpha - \hat{q}\hat{\alpha})]
\end{aligned}
\qquad (3\text{-}14)
$$

$$|\alpha^2 - \hat{\alpha}^2| \le |\alpha + \hat{\alpha}||\tilde{\alpha}| \le |2\alpha + \tilde{\alpha}||\tilde{\alpha}| \le |2\alpha||\tilde{\alpha}| + |\tilde{\alpha}||\tilde{\alpha}|$$

$$q\alpha - \hat{q}\hat{\alpha} = q\alpha - \hat{q}\alpha + \hat{q}\alpha - \hat{q}\hat{\alpha} = \tilde{q}\alpha + \tilde{\alpha}\hat{q}$$

$$|q\alpha - \hat{q}\hat{\alpha}| \le |\alpha||\tilde{q}| + |\hat{q}||\tilde{\alpha}| \le |\alpha||\tilde{q}| + |q||\tilde{\alpha}| + |\tilde{q}||\tilde{\alpha}|$$

$$q\alpha^2 - \hat{q}\hat{\alpha}^2 = q\alpha^2 - \hat{q}\alpha^2 + \hat{q}\alpha^2 - \hat{q}\hat{\alpha}^2$$

其满足

$$|q\alpha^2 - \hat{q}\hat{\alpha}^2| \le \alpha^2|\tilde{q}| + |\hat{q}|(|2\alpha||\tilde{\alpha}| + |\tilde{\alpha}||\tilde{\alpha}|) \le \alpha^2|\tilde{q}| + (|q| + |\tilde{q}|)(|2\alpha||\tilde{\alpha}| + |\tilde{\alpha}||\tilde{\alpha}|) \le$$
$$\alpha^2|\tilde{q}| + |2\alpha||q||\tilde{\alpha}| + |q||\tilde{\alpha}||\tilde{\alpha}| + |2\alpha||\tilde{\alpha}||\tilde{q}| + |\tilde{\alpha}||\tilde{\alpha}||\tilde{q}|$$

综上所述有

$$|\Delta f_{32}| = \frac{\overline{qSc}}{I_{yy}}[-0.035(\alpha^2 - \hat{\alpha}^2) - 6.79\frac{\overline{c}}{2V}(q\alpha^2 - \hat{q}\hat{\alpha}^2) + 0.301\,5\frac{\overline{c}}{2V}(q\alpha - \hat{q}\hat{\alpha})] \le$$
$$0.035\frac{\overline{qSc}}{I_{yy}}|2\alpha||\tilde{\alpha}| + 0.035\frac{\overline{qSc}}{I_{yy}}|\tilde{\alpha}||\tilde{\alpha}| + 6.79\frac{\overline{qSc}}{I_{yy}}\frac{\overline{c}}{2V}\alpha^2|\tilde{q}| +$$
$$6.79\frac{\overline{qSc}}{I_{yy}}\frac{\overline{c}}{2V}|2\alpha||q||\tilde{\alpha}| + 6.79\frac{\overline{qSc}}{I_{yy}}\frac{\overline{c}}{2V}|q||\tilde{\alpha}||\tilde{\alpha}| +$$
$$6.79\frac{\overline{qSc}}{I_{yy}}\frac{\overline{c}}{2V}|2\alpha||\tilde{\alpha}||\tilde{q}| + 6.79\frac{\overline{qSc}}{I_{yy}}\frac{\overline{c}}{2V}|\tilde{\alpha}||\tilde{\alpha}||\tilde{q}| +$$
$$0.301\,5\frac{\overline{qSc}}{I_{yy}}\frac{\overline{c}}{2V}|\alpha||\tilde{q}| + 0.301\,5\frac{\overline{qSc}}{I_{yy}}\frac{\overline{c}}{2V}|q||\tilde{\alpha}| + 0.301\,5\frac{\overline{qSc}}{I_{yy}}\frac{\overline{c}}{2V}|\tilde{q}||\tilde{\alpha}|$$

$$（3\text{-}15）$$

进一步整理得

$$|\Delta f_{32}| \le \left(0.035\frac{\overline{qSc}}{I_{yy}}|2\alpha| + 6.79\frac{\overline{qSc}}{I_{yy}}\frac{\overline{c}}{2V}|2\alpha||q| + 0.301\,5\frac{\overline{qSc}}{I_{yy}}\frac{\overline{c}}{2V}|q|\right)|\tilde{\alpha}| +$$
$$\left(6.79\frac{\overline{qSc}}{I_{yy}}\frac{\overline{c}}{2V}\alpha^2 + 0.301\,5\frac{\overline{qSc}}{I_{yy}}\frac{\overline{c}}{2V}|\alpha|\right)|\tilde{q}| +$$
$$\left(6.79\frac{\overline{qSc}}{I_{yy}}\frac{\overline{c}}{2V}|q| + 0.035\frac{\overline{qSc}}{I_{yy}}\right)|\tilde{\alpha}||\tilde{\alpha}| +$$
$$\left(6.79\frac{\overline{qSc}}{I_{yy}}\frac{\overline{c}}{2V}|2\alpha| + 0.301\,5\frac{\overline{qSc}}{I_{yy}}\frac{\overline{c}}{2V}\right)|\tilde{\alpha}||\tilde{q}| +$$
$$6.79\frac{\overline{qSc}}{I_{yy}}\frac{\overline{c}}{2V}|\tilde{\alpha}||\tilde{\alpha}||\tilde{q}|$$

$$（3\text{-}16）$$

此时定义

$$l_1 = \left(0.035 \frac{\overline{q}Sc}{I_{yy}} |2\alpha| + 6.79 \frac{\overline{q}Sc}{I_{yy}} \frac{\overline{c}}{2V} |2\alpha||q| + 0.301\,5 \frac{\overline{q}Sc}{I_{yy}} \frac{\overline{c}}{2V} |q| \right)$$

$$l_2 = \left(6.79 \frac{\overline{q}Sc}{I_{yy}} \frac{\overline{c}}{2V} \alpha^2 + 0.301\,5 \frac{\overline{q}Sc}{I_{yy}} \frac{\overline{c}}{2V} |\alpha| \right)$$

$$l_3 = \left(6.79 \frac{\overline{q}Sc}{I_{yy}} \frac{\overline{c}}{2V} |q| + 0.035 \frac{\overline{q}Sc}{I_{yy}} \right) \qquad (3\text{-}17)$$

$$l_4 = \left(6.79 \frac{\overline{q}Sc}{I_{yy}} \frac{\overline{c}}{2V} |2\alpha| + 0.301\,5 \frac{\overline{q}Sc}{I_{yy}} \frac{\overline{c}}{2V} \right)$$

$$l_5 = 6.79 \frac{\overline{q}Sc}{I_{yy}} \frac{\overline{c}}{2V}$$

则有

$$|\Delta f_{32}| \leqslant l_1 |\tilde{\alpha}| + l_2 |\tilde{q}| + l_3 |\tilde{\alpha}||\tilde{\alpha}| + l_4 |\tilde{\alpha}||\tilde{q}| + l_5 |\tilde{\alpha}||\tilde{\alpha}||\tilde{q}|$$

3.4.3 第四个子系统模型的不确定性简化

针对第四个子模型可以整理为

$$\Delta f_4 = q - \dot{\gamma} - \hat{q} + \hat{\dot{\gamma}} = \tilde{q} - \Delta f_2 \qquad (3\text{-}18)$$

从而其可以分解为两部分：

$$\Delta f_4 = \Delta f_{41} + \Delta f_{42}$$

其中

$$\Delta f_{41} = \tilde{q} - \Delta f_{21} = \tilde{q} - \frac{0.620\,3}{mV} \overline{q}S\tilde{\alpha}$$

$$\Delta f_{42} = -\Delta f_{22}$$

且

$$|\Delta f_{42}| \leqslant \frac{1}{mV} T |\tilde{\alpha}| + \frac{g}{V} \sin \gamma_{\max} |\tilde{\gamma}|$$

至此，将上述观测器的误差模型可以重新整理为

$$\dot{\tilde{h}} = -k_{11}\tilde{h} - k_{12}\tilde{\gamma} - k_{13}\tilde{q} + \Delta f_1$$

$$\dot{\tilde{\gamma}} = -k_{21}\tilde{h} - k_{22}\tilde{\gamma} - k_{23}\tilde{q} + \frac{0.620\,3}{mV}\bar{q}S\tilde{\alpha} + \Delta f_{22}$$

$$\dot{\tilde{q}} = -k_{31}\tilde{h} - k_{32}\tilde{\gamma} - k_{33}\tilde{q} + 0.007\,417\frac{\bar{q}Sc}{I_{yy}}\tilde{\alpha} + \Delta f_{32}$$

$$\dot{\tilde{\alpha}} = -k_{41}\tilde{h} - k_{42}\tilde{\gamma} - (k_{43}-1)\tilde{q} - \frac{0.620\,3}{mV}\bar{q}S\tilde{\alpha} + \Delta f_{42} \qquad (3\text{-}19)$$

$$|\Delta f_1| \leqslant V|\tilde{\gamma}|$$

$$|\Delta f_{22}| \leqslant \frac{1}{mV}T|\tilde{\alpha}| + \frac{g}{V}\sin\gamma_{max}|\tilde{\gamma}|$$

$$|\Delta f_{32}| \leqslant l_1|\tilde{\alpha}| + l_2|\tilde{q}| + l_3|\tilde{\alpha}||\tilde{\alpha}| + l_4|\tilde{\alpha}||\tilde{q}| + l_5|\tilde{\alpha}||\tilde{\alpha}||\tilde{q}|$$

$$|\Delta f_{42}| \leqslant \frac{1}{mV}T|\tilde{\alpha}| + \frac{g}{V}\sin\gamma_{max}|\tilde{\gamma}|$$

可见第四个方程攻角观测稳定的关键在于需要满足

$$\frac{0.620\,3}{mV}\bar{q}S - \frac{1}{mV}T > 0$$

即

$$0.620\,3\bar{q}S - \bar{q}SC_T > 0$$

即必须满足

$$C_T < 0.620\,3$$

而对比模型中的参数

$$C_T = \begin{cases} 0.025\,76\beta, & \beta < 1 \\ 0.022\,4 + 0.003\,36\beta, & \beta > 1 \end{cases}$$

可以解算出攻角可观测对发动机推力因子的限制为

$$\beta < 177.9$$

显然，系统在绝大部分情况下是满足要求的。

3.5 观测器模型的稳定裕度定量计算

定义

$$l_{a1} = \frac{0.620\,3}{mV}\bar{q}S\,, \quad l_{a2} = \frac{1}{mV}T\,, \quad l_{a3} = \frac{g}{V}\sin\gamma_{\max}$$

$$l_{a4} = 0.007\,417\frac{\overline{q}Sc}{I_{yy}}\,, \quad l_{a5} = \frac{0.620\,3}{mV}\bar{q}S$$

则上述观测器模型可以改写为

$$
\begin{aligned}
\dot{\tilde{h}} &= -k_{11}\tilde{h} - k_{12}\tilde{\gamma} - k_{13}\tilde{q} + \Delta f_1 \\
\dot{\tilde{\gamma}} &= -k_{21}\tilde{h} - k_{22}\tilde{\gamma} - k_{23}\tilde{q} + l_{a1}\tilde{\alpha} + \Delta f_{22} \\
\dot{\tilde{q}} &= -k_{31}\tilde{h} - k_{32}\tilde{\gamma} - k_{33}\tilde{q} + l_{a4}\tilde{\alpha} + \Delta f_{32} \\
\dot{\tilde{\alpha}} &= -k_{41}\tilde{h} - k_{42}\tilde{\gamma} - (k_{43}-1)\tilde{q} - l_{a5}\tilde{\alpha} + \Delta f_{42}
\end{aligned}
\tag{3-20}
$$

其中，

$$|\Delta f_1| \le V|\tilde{\gamma}|$$

$$|\Delta f_{22}| \le l_{a2}|\tilde{\alpha}| + l_{a3}|\tilde{\gamma}|$$

$$|\Delta f_{32}| \le l_1|\tilde{\alpha}| + l_2|\tilde{q}| + l_3|\tilde{\alpha}||\tilde{\alpha}| + l_4|\tilde{\alpha}||\tilde{q}| + l_5|\tilde{\alpha}||\tilde{\alpha}||\tilde{q}|$$

假设观测器设计中 $|\tilde{\alpha}|$ 的允许波动最大值为 α_{em}，$|\tilde{q}|$ 的允许波动最大值为 q_{em}，则上述可进一步改写为

$$|\Delta f_{32}| \le l_1|\tilde{\alpha}| + l_2|\tilde{q}| + (l_3\alpha_{em} + l_4 q_{em} + l_5\alpha_{em}q_{em})|\tilde{\alpha}|$$

$$|\Delta f_{42}| \le l_{a2}|\tilde{\alpha}| + l_{a3}|\tilde{\gamma}|$$

则系统的稳定裕度计算如下：

$$
\begin{aligned}
M = {} & \left(k_{11} - \frac{|k_{12}+k_{21}|+V}{2} - \frac{|k_{13}+k_{31}|}{2} - \frac{|k_{41}|}{2} \right)\Gamma_1^2 + \\
& \left(k_{22} - l_{a3} - \frac{|k_{21}+k_{12}|+V}{2} - \frac{|k_{23}+k_{32}|}{2} - \frac{|l_{a1}-k_{42}|+l_{a2}+l_{a3}}{2} \right)\Gamma_2^2 + \\
& \left(k_{33} - l_2 - \frac{|k_{31}+k_{13}|}{2} - \frac{|k_{23}+k_{32}|}{2} - \frac{|l_{a4}-k_{43}+1|+|l_1|+l_3\alpha_{em}+l_4 q_{em}+l_5\alpha_{em}q_{em}}{2} \right)\Gamma_3^2 + \\
& \left(l_{a5} - l_{a2} - \frac{|k_{41}|}{2} - \frac{|k_{42}-l_{a1}|+l_{a2}+l_{a3}}{2} - \frac{|k_{43}-1-l_{a4}|+|l_1|+l_3\alpha_{em}+l_4 q_{em}+l_5\alpha_{em}q_{em}}{2} \right)\Gamma_4^2
\end{aligned}
$$

$$\tag{3-21}$$

定义

$$k_{a1} = \left(k_{11} - \frac{|k_{12}+k_{21}|+V}{2} - \frac{|k_{13}+k_{31}|}{2} - \frac{|k_{41}|}{2} \right)$$

$$k_{a2} = \left(k_{22} - l_{a3} - \frac{|k_{21}+k_{12}|+V}{2} - \frac{|k_{23}+k_{32}|}{2} - \frac{|l_{a1}-k_{42}|+l_{a2}+l_{a3}}{2} \right)$$

$$k_{a3} = \left(k_{33} - l_2 - \frac{|k_{31}+k_{13}|}{2} - \frac{|k_{23}+k_{32}|}{2} - \frac{|l_{a4}-k_{43}+1|+|l_1|+|l_3\alpha_{em}+l_4 q_{em}+l_5\alpha_{em}q_{em}|}{2} \right)$$

$$k_{a4} = \left(l_{a5} - l_{a2} - \frac{|k_{41}|}{2} - \frac{|k_{42}-l_{a1}|+l_{a2}+l_{a3}}{2} - \frac{|k_{43}-1-l_{a4}|+|l_1|+|l_3\alpha_{em}+l_4 q_{em}+l_5\alpha_{em}q_{em}|}{2} \right)$$

则有

$$M = k_{a1}\Gamma_1^2 + k_{a2}\Gamma_2^2 + k_{a3}\Gamma_3^2 + k_{a4}\Gamma_4^2$$

如果需要观测器稳定且具有较好的稳定裕度，则需要满足

$$k_{a1} > 0 \ ; \ \ k_{a2} > 0 \ ; \ \ k_{a3} > 0 \ ; \ \ k_{a4} > 0$$

3.5.1　基于减少放缩的观测器稳定裕度定量计算

针对观测器系统中的不确定性：

$$\Delta f_{32} = \frac{\overline{q}Sc}{I_{yy}}[-0.035(\alpha^2 - \hat{\alpha}^2) - 6.79\frac{\overline{c}}{2V}(q\alpha^2 - \hat{q}\hat{\alpha}^2) + 0.301\,5\frac{\overline{c}}{2V}(q\alpha - \hat{q}\hat{\alpha})]$$

重新进行放缩处理为

$$\alpha^2 - \hat{\alpha}^2 = (\alpha + \hat{\alpha})(\alpha - \hat{\alpha}) = (2\alpha - \tilde{\alpha})\tilde{\alpha} = 2\alpha\tilde{\alpha} - \tilde{\alpha}^2$$

$$q\alpha - \hat{q}\hat{\alpha} = q\alpha - q\hat{\alpha} + q\hat{\alpha} - \hat{q}\hat{\alpha} = q\tilde{\alpha} + \tilde{q}\hat{\alpha} = q\tilde{\alpha} + \tilde{q}\alpha - \tilde{q}\tilde{\alpha}$$

$$q\alpha^2 - \hat{q}\hat{\alpha}^2 = q\alpha^2 - \hat{q}\alpha^2 + \hat{q}\alpha^2 - \hat{q}\hat{\alpha}^2 = \alpha^2\tilde{q} + \hat{q}(\alpha^2 - \hat{\alpha}^2)$$

$$= \alpha^2\tilde{q} + \hat{q}(2\alpha\tilde{\alpha} - \tilde{\alpha}^2) = \alpha^2\tilde{q} + q(2\alpha\tilde{\alpha} - \tilde{\alpha}^2) - \tilde{q}(2\alpha\tilde{\alpha} - \tilde{\alpha}^2)$$

$$= \alpha^2\tilde{q} + 2\alpha q\tilde{\alpha} - q\tilde{\alpha}^2 - 2\alpha\tilde{q}\tilde{\alpha} + \tilde{q}\tilde{\alpha}^2$$

$$(3-22)$$

此时可以整理为

$$\Delta f_{32} = [-0.035 \frac{\overline{qSc}}{I_{yy}}(\alpha^2 - \hat{\alpha}^2) - 6.79 \frac{\overline{c}}{2V} \frac{\overline{qSc}}{I_{yy}}(q\alpha^2 - \hat{q}\hat{\alpha}^2) + 0.301 \, 5 \frac{\overline{c}}{2V} \frac{\overline{qSc}}{I_{yy}}(q\alpha - \hat{q}\hat{\alpha})]$$

$$= -0.035 \frac{\overline{qSc}}{I_{yy}} 2\alpha\tilde{\alpha} + 0.035 \frac{\overline{qSc}}{I_{yy}}\tilde{\alpha}^2 - 6.79 \frac{\overline{c}}{2V} \frac{\overline{qSc}}{I_{yy}}\alpha^2\tilde{q} - 6.79 \frac{\overline{c}}{2V} \frac{\overline{qSc}}{I_{yy}} 2\alpha q\tilde{\alpha} +$$

$$6.79 \frac{\overline{c}}{2V} \frac{\overline{qSc}}{I_{yy}}q\tilde{\alpha}^2 + 6.79 \frac{\overline{c}}{2V} \frac{\overline{qSc}}{I_{yy}} 2\alpha\tilde{q}\tilde{\alpha} - 6.79 \frac{\overline{c}}{2V} \frac{\overline{qSc}}{I_{yy}}\tilde{q}\tilde{\alpha}^2 +$$

$$0.301 \, 5 \frac{\overline{c}}{2V} \frac{\overline{qSc}}{I_{yy}}q\tilde{\alpha} + 0.301 \, 5 \frac{\overline{c}}{2V} \frac{\overline{qSc}}{I_{yy}}\tilde{q}\alpha - 0.301 \, 5 \frac{\overline{c}}{2V} \frac{\overline{qSc}}{I_{yy}}\tilde{q}\tilde{\alpha}$$

$$(3\text{-}23)$$

进一步整理得

$$\Delta f_{32} = \left(-0.035 \frac{\overline{qSc}}{I_{yy}} 2\alpha + 0.301 \, 5 \frac{\overline{c}}{2V} \frac{\overline{qSc}}{I_{yy}}q - 6.79 \frac{\overline{c}}{2V} \frac{\overline{qSc}}{I_{yy}} 2\alpha q \right)\tilde{\alpha} +$$

$$\left(-6.79 \frac{\overline{c}}{2V} \frac{\overline{qSc}}{I_{yy}}\alpha^2 + 0.301 \, 5 \frac{\overline{c}}{2V} \frac{\overline{qSc}}{I_{yy}}\alpha \right)\tilde{q} +$$

$$\left(6.79 \frac{\overline{c}}{2V} \frac{\overline{qSc}}{I_{yy}} 2\alpha - 0.301 \, 5 \frac{\overline{c}}{2V} \frac{\overline{qSc}}{I_{yy}} \right)\tilde{q}\tilde{\alpha} +$$

$$\left(0.035 \frac{\overline{qSc}}{I_{yy}} + 6.79 \frac{\overline{c}}{2V} \frac{\overline{qSc}}{I_{yy}}q \right)\tilde{\alpha}^2 - 6.79 \frac{\overline{c}}{2V} \frac{\overline{qSc}}{I_{yy}}\tilde{q}\tilde{\alpha}^2$$

定义

$$l_{b1} = \left(-0.035 \frac{\overline{qSc}}{I_{yy}} 2\alpha + 0.301 \, 5 \frac{\overline{c}}{2V} \frac{\overline{qSc}}{I_{yy}}q - 6.79 \frac{\overline{c}}{2V} \frac{\overline{qSc}}{I_{yy}} 2\alpha q \right)$$

$$l_{b2} = \left(-6.79 \frac{\overline{c}}{2V} \frac{\overline{qSc}}{I_{yy}}\alpha^2 + 0.301 \, 5 \frac{\overline{c}}{2V} \frac{\overline{qSc}}{I_{yy}}\alpha \right)$$

$$l_{b3} = \left(6.79 \frac{\overline{c}}{2V} \frac{\overline{qSc}}{I_{yy}} 2\alpha - 0.301 \, 5 \frac{\overline{c}}{2V} \frac{\overline{qSc}}{I_{yy}} \right)$$

$$l_{b4} = \left(0.035 \frac{\overline{qSc}}{I_{yy}} + 6.79 \frac{\overline{c}}{2V} \frac{\overline{qSc}}{I_{yy}}q \right)$$

$$l_{b5} = 6.79 \frac{\overline{c}}{2V} \frac{\overline{qSc}}{I_{yy}}$$

则有

$$\Delta f_{32} = l_{b1}\tilde{\alpha} + l_{b2}\tilde{q} + l_{b3}\tilde{q}\tilde{\alpha} + l_{b4}\tilde{\alpha}^2 + l_{b5}\tilde{q}\tilde{\alpha}^2$$

此时系统可以改写为

$$\dot{\tilde{h}} = -k_{11}\tilde{h} - k_{12}\tilde{\gamma} - k_{13}\tilde{q} + \Delta f_1$$

$$\dot{\tilde{\gamma}} = -k_{21}\tilde{h} - k_{22}\tilde{\gamma} - k_{23}\tilde{q} + l_{a1}\tilde{\alpha} + \Delta f_{22}$$

$$\dot{\tilde{q}} = -k_{31}\tilde{h} - k_{32}\tilde{\gamma} - k_{33}\tilde{q} + l_{a4}\tilde{\alpha} + l_{b1}\tilde{\alpha} + l_{b2}\tilde{q} + l_{b3}\tilde{q}\tilde{\alpha} + l_{b4}\tilde{\alpha}^2 + l_{b5}\tilde{q}\tilde{\alpha}^2$$

$$\dot{\tilde{\alpha}} = -k_{41}\tilde{h} - k_{42}\tilde{\gamma} - (k_{43}-1)\tilde{q} - l_{a5}\tilde{\alpha} + \Delta f_{42}$$

其中，k_{ij} 为常数，l_{ai} 为近似常数，定义如下：

$$l_{a1} = \frac{0.620\ 3}{mV}\overline{q}S, \quad l_{a2} = \frac{1}{mV}T, \quad l_{a3} = \frac{g}{V}\sin\gamma_{\max},$$

$$l_{a4} = 0.007\ 417\frac{\overline{q}Sc}{I_{yy}}, \quad l_{a5} = \frac{0.620\ 3}{mV}\overline{q}S$$

而 l_{bi} 为飞行器飞行过程中动态变化的量，但界已知。

上述观测器系统进一步整理为

$$\dot{\tilde{h}} = -k_{11}\tilde{h} - k_{12}\tilde{\gamma} - k_{13}\tilde{q} + \Delta f_1, \qquad\qquad |\Delta f_1| \leqslant V|\tilde{\gamma}|$$

$$\dot{\tilde{\gamma}} = -k_{21}\tilde{h} - k_{22}\tilde{\gamma} - k_{23}\tilde{q} + l_{a1}\tilde{\alpha} + \Delta f_{22}, \qquad |\Delta f_{22}| \leqslant l_{a2}|\tilde{\alpha}| + l_{a3}|\tilde{\gamma}|$$

$$\dot{\tilde{q}} = -k_{31}\tilde{h} - k_{32}\tilde{\gamma} + (l_{b2}-k_{33})\tilde{q} + (l_{a4}+l_{b1})\tilde{\alpha} + l_{b3}\tilde{q}\tilde{\alpha} + l_{b4}\tilde{\alpha}^2 + l_{b5}\tilde{q}\tilde{\alpha}^2$$

$$\dot{\tilde{\alpha}} = -k_{41}\tilde{h} - k_{42}\tilde{\gamma} - (k_{43}-1)\tilde{q} - l_{a1}\tilde{\alpha} - \Delta f_{22}, \qquad |\Delta f_{42}| \leqslant l_{a2}|\tilde{\alpha}| + l_{a3}|\tilde{\gamma}|$$

由微分中值定理，考虑到

$$\Delta f_{22} = \frac{1}{mV}(T(\sin\alpha - \sin\hat{\alpha})) - \frac{1}{V}g(\cos\gamma - \cos\hat{\gamma})$$

$$= \frac{T\cos\alpha_a}{mV}\tilde{\alpha} + \frac{g\sin\gamma_a}{V}\tilde{\gamma} = l_{a6} + l_{a7}\tilde{\gamma}$$

其中，

$$\begin{array}{l} l_{a6} = \dfrac{T\cos\alpha_a}{mV} \\[2mm] l_{a7} = \dfrac{g\sin\gamma_a}{V} \end{array}, \quad \gamma \leqslant \gamma_a \leqslant \hat{\gamma} \ \text{或} \ \hat{\gamma} \leqslant \gamma_a \leqslant \gamma$$

上述模型可以进一步改写为

$$\dot{\tilde{h}} = -k_{11}\tilde{h} - k_{12}\tilde{\gamma} - k_{13}\tilde{q} + \Delta f_1, \qquad\qquad |\Delta f_1| \le V|\tilde{\gamma}|$$

$$\dot{\tilde{\gamma}} = -k_{21}\tilde{h} + (l_{a7} - k_{22})\tilde{\gamma} - k_{23}\tilde{q} + (l_{a1} + l_{a6})\tilde{\alpha}$$

$$\dot{\tilde{q}} = -k_{31}\tilde{h} - k_{32}\tilde{\gamma} + (l_{b2} - k_{33})\tilde{q} + (l_{a4} + l_{b1})\tilde{\alpha} + l_{b3}\tilde{q}\tilde{\alpha} + l_{b4}\tilde{\alpha}^2 + l_{b5}\tilde{q}\tilde{\alpha}^2$$

$$\dot{\tilde{\alpha}} = -k_{41}\tilde{h} - (k_{42} + l_{a7})\tilde{\gamma} - (k_{43} - 1)\tilde{q} - (l_{a1} + l_{a6})\tilde{\alpha}$$

如果不考虑非线性铰链项 $l_{b3}\tilde{q}\tilde{\alpha} + l_{b4}\tilde{\alpha}^2 + l_{b5}\tilde{q}\tilde{\alpha}^2$，其稳定裕度可以计算为

$$
\begin{aligned}
M = & \left(k_{11} - \frac{|k_{12}+k_{21}|+V}{2} - \frac{|k_{13}+k_{31}|}{2} - \frac{|k_{41}|}{2} \right)\Gamma_1^2 + \\
& \left(k_{22} - l_{a7} - \frac{|k_{12}+k_{21}|+V}{2} - \frac{|k_{23}+k_{32}|}{2} - \frac{|l_{a1}+l_{a6}-k_{42}-l_{a7}|}{2} \right)\Gamma_2^2 + \\
& \left(k_{33} - l_{b2} - \frac{|k_{31}+k_{13}|}{2} - \frac{|k_{23}+k_{32}|}{2} - \frac{|l_{a4}+l_{b1}-k_{43}+1|}{2} \right)\Gamma_3^2 + \\
& \left(l_{a1} + l_{a6} - \frac{|k_{41}|}{2} - \frac{|l_{a1}+l_{a6}-k_{42}-l_{a7}|}{2} - \frac{|l_{a4}+l_{b1}-k_{43}+1|}{2} \right)\Gamma_4^2
\end{aligned}
$$

假设观测器设计中 $|\tilde{\alpha}|$ 的允许波动最大值为 α_{em} ， $|\tilde{q}|$ 的允许波动最大值为 q_{em}，则上述非线性铰链项可放缩为

$$\left| l_{b3}\tilde{q}\tilde{\alpha} + l_{b4}\tilde{\alpha}^2 + l_{b5}\tilde{q}\tilde{\alpha}^2 \right| \le (l_{b3}q_{em} + l_{b4}\alpha_{em} + l_{b5}q_{em}\alpha_{em})|\tilde{\alpha}|$$

则此时系统的稳定裕度可以修正为

$$
\begin{aligned}
M = & \left(k_{11} - \frac{|k_{12}+k_{21}|+V}{2} - \frac{|k_{13}+k_{31}|}{2} - \frac{|k_{41}|}{2} \right)\Gamma_1^2 + \\
& \left(k_{22} - l_{a7} - \frac{|k_{12}+k_{21}|+V}{2} - \frac{|k_{23}+k_{32}|}{2} - \frac{|l_{a1}+l_{a6}-k_{42}-l_{a7}|}{2} \right)\Gamma_2^2 + \\
& \left(k_{33} - l_{b2} - \frac{|k_{31}+k_{13}|}{2} - \frac{|k_{23}+k_{32}|}{2} - \frac{|l_{a4}+l_{b1}-k_{43}+1|}{2} - \frac{|l_{b3}q_{em}+l_{b4}\alpha_{em}+l_{b5}q_{em}\alpha_{em}|}{2} \right)\Gamma_3^2 + \\
& \left(l_{a1} + l_{a6} - \frac{|k_{41}|}{2} - \frac{|l_{a1}+l_{a6}-k_{42}-l_{a7}|}{2} - \frac{|l_{a4}+l_{b1}-k_{43}+1|}{2} - \frac{|l_{b3}q_{em}+l_{b4}\alpha_{em}+l_{b5}q_{em}\alpha_{em}|}{2} \right)\Gamma_4^2
\end{aligned}
$$

此时通过上述稳定裕度的表达式，可以得出系统增益选取的指导原则，即设置

$$k_{12} + k_{21} = 0 \text{、} \quad k_{13} + k_{31} = 0 \text{、} \quad k_{41} = 0$$

$$k_{23} + k_{32} = 0 \text{、} \quad l_{a1} + l_{a6} - k_{42} - l_{a7} = 0 \text{、} \quad l_{a4} + l_{b1} - k_{43} + 1 = 0$$

而且观测器稳定对高超声速模型的基本要求为

$$l_{a1} + l_{a6} > 0$$

模型非线性对观测器的附加要求为

$$l_{a1} + l_{a6} - \frac{\left| l_{b3} q_{em} + l_{b4} \alpha_{em} + l_{b5} q_{em} \alpha_{em} \right|}{2} > 0$$

3.5.2　常量与时变参量计算

由于 $l_{a5} = l_{a1}$，l_{a2}、l_{a3} 又和 l_{a6}、l_{a7} 相关，故上述稳定裕度表达式中，常量或可近似认为慢时变量有 V、l_{a1}、l_{a4}、l_{a6}、l_{a7}；快时变量有 l_{b1}、l_{b2}、l_{b3}、l_{b4}、l_{b5}。在此分别对其界进行估计：

$|V| \leqslant V_b(1 + d_v)$，其中 V_b 为速度的标称值，d_v 为其最大变化范围的衡量，如本例分析可选 $V_b = 4\,602$，$d_v = 0.2$。

考虑到 $l_{a1} = \dfrac{0.620\,3}{mV} \overline{q} S$、$\overline{q} = 0.5 \rho V^2$，其界可以估计如下：

（1）ρ 可选取标称值 $\rho_b = 0.012\,5$，d_ρ 为其最大变化范围的衡量，$d_\rho = 0.1$。

（2）m 可选取标称值 $m_b = 136\,780$，d_m 为其最大变化范围的衡量，$d_m = 0.05$。

（3）S 可选取标称值 $S_b = 334.729$，d_s 为其最大变化范围的衡量，$d_s = 0.000\,1$。

$$|l_{a1}| \leqslant 0.043\,7 \times 1.2 \times 1.1 \times 1.05 / 0.95 = 0.062\,5$$

考虑到 $l_{a4} = 0.007\,417 \dfrac{\overline{q} Sc}{I_{yy}}$，其界可以估计如下：

（1）$\overline{c}$ 可选取标称值 $\overline{c}_b = 24.384$，d_c 为其最大变化范围的衡量，$d_c = 0.000\,1$。

（2）I_{yy} 可选取标称值 $I_{yyb}=9.488\,2\times10^6$，$d_I$ 为其最大变化范围的衡量，$d_I=0.04$。

$$|l_{a4}|\leqslant 0.844\,5\times1.1\times1.2\times1.2/0.96=1.393\,4$$

考虑到 $l_{a6}=\dfrac{T\cos\alpha_a}{mV}$，其界可以估计如下：

$$T=0.5\rho V^2 SC_T$$

$$C_T=\begin{cases}0.025\,76\beta, & \beta<1\\ 0.022\,4+0.003\,36\beta, & \beta>1\end{cases}$$

假设 β 的标称值为 $\beta_b=5$，d_β 为其最大变化范围的衡量，$d_\beta=0.001$。

$$\begin{aligned}|l_{a6}|\leqslant & 0.5\times0.012\,5\times4\,602\times4\,602\times334.729\times(0.022\,4+0.003\,36\times5)/\\ & (136\,780\times4\,602)\times1.1\times1.2/0.95\\ =& 0.002\,8\times1.1\times1.2/0.95=0.003\,9\end{aligned}$$

考虑到 $l_{a7}=\dfrac{g\sin\gamma_a}{V}$，其界可以估计如下：

$$|l_{a7}|\leqslant 0.002\,1/0.8=0.002\,7$$

$$l_{b1}=\left(-0.035\frac{\overline{q}Sc}{I_{yy}}2\alpha+0.301\,5\frac{\overline{c}}{2V}\frac{\overline{q}Sc}{I_{yy}}q-6.79\frac{\overline{c}}{2V}\frac{\overline{q}Sc}{I_{yy}}2\alpha q\right)$$

$$l_{b2}=\left(-6.79\frac{\overline{c}}{2V}\frac{\overline{q}Sc}{I_{yy}}\alpha^2+0.301\,5\frac{\overline{c}}{2V}\frac{\overline{q}Sc}{I_{yy}}\alpha\right)$$

$$l_{b3}=\left(6.79\frac{\overline{c}}{2V}\frac{\overline{q}Sc}{I_{yy}}2\alpha-0.301\,5\frac{\overline{c}}{2V}\frac{\overline{q}Sc}{I_{yy}}\right)$$

$$l_{b4}=\left(0.035\frac{\overline{q}Sc}{I_{yy}}+6.79\frac{\overline{c}}{2V}\frac{\overline{q}Sc}{I_{yy}}q\right)$$

$$l_{b5}=6.79\frac{\overline{c}}{2V}\frac{\overline{q}Sc}{I_{yy}}$$

考虑到系统稳定的要求，并且允许飞行器出现的最大攻角限制 α_m 与最大的转动角速率限制 q_m，则有

$$|\alpha| < \alpha_m = 10/57.3 = 0.174\ 5, \quad |q| < q_m = 30/57.3 = 0.523\ 6$$

同时

$$|l_{b1}| \leqslant \left| \left(-0.035\frac{\overline{qSc}}{I_{yy}}2\alpha + 0.301\ 5\frac{\overline{c}}{2V}\frac{\overline{qSc}}{I_{yy}}q - 6.79\frac{\overline{c}}{2V}\frac{\overline{qSc}}{I_{yy}}2\alpha q \right) \right|$$

$$\leqslant 0.035 \times 0.5 \times 0.012\ 5 \times 1.1 \times 4\ 602 \times 1.2 \times 4\ 602 \times 1.2 \times 334.729 \times$$
$$24.384/9\ 488\ 200/0.96 \times 2 \times 0.174\ 5 +$$
$$(0.301\ 5 + 6.79 \times 2 \times 0.174\ 5) \times 24.384 \times 0.5 \times 0.012\ 5 \times 1.1 \times 4\ 602 \times 1.2 \times$$
$$4\ 602 \times 1.2 \times 334.729 \times 24.384/2/4\ 602/0.8/9\ 488\ 200/0.96 \times 0.523\ 6$$
$$\leqslant 2.294\ 9 + 0.869\ 5 = 3.164\ 4$$

$$|l_{b2}| \leqslant \left| \left(-6.79\frac{\overline{c}}{2V}\frac{\overline{qSc}}{I_{yy}}\alpha^2 + 0.301\ 5\frac{\overline{c}}{2V}\frac{\overline{qSc}}{I_{yy}}\alpha \right) \right|$$

$$\leqslant \frac{\overline{c}}{2V}\frac{\overline{qSc}}{I_{yy}}\alpha|6.79\alpha + 0.301\ 5|$$

$$\leqslant 24.384 \times 0.5 \times 0.012\ 5 \times 1.1 \times 4\ 602 \times 1.2 \times 4\ 602 \times 1.2 \times 334.729 \times$$
$$24.384/2/4\ 602/0.8/9\ 488\ 200/0.96 \times 0.174\ 5 \times (6.79 \times 0.174\ 5 + 0.301\ 5)$$
$$= 0.161\ 4$$

$$|l_{b3}| \leqslant \left| \left(6.79\frac{\overline{c}}{2V}\frac{\overline{qSc}}{I_{yy}}2\alpha - 0.301\ 5\frac{\overline{c}}{2V}\frac{\overline{qSc}}{I_{yy}} \right) \right|$$

$$\leqslant \frac{\overline{c}}{2V}\frac{\overline{qSc}}{I_{yy}}|6.79 \times 2\alpha - 0.301\ 5|$$

$$\leqslant 24.384 \times 0.5 \times 0.012\ 5 \times 1.1 \times 4\ 602 \times 1.2 \times 4\ 602 \times 1.2 \times 334.729 \times$$
$$24.384/2/4\ 602/0.8/9\ 488\ 200/0.96 \times (0.174\ 5 \times 2 \times 6.79 + 0.301\ 5)$$
$$= 0.622\ 2 \times 2.671\ 2 = 1.662$$

$$|l_{b4}| \leqslant \left| \left(0.035\frac{\overline{qSc}}{I_{yy}} + 6.79\frac{\overline{c}}{2V}\frac{\overline{qSc}}{I_{yy}}q \right) \right|$$

$$\leqslant \frac{\overline{qSc}}{I_{yy}}\left|0.035 + 6.79\frac{\overline{c}}{2V}q\right|$$

$$= 0.5 \times 0.012\ 5 \times 1.1 \times 4\ 602 \times 1.2 \times 4\ 602 \times 1.2 \times 334.729 \times$$
$$24.384/9\ 488\ 200/0.96 \times (0.035 + 6.79 \times 24.384/2/4\ 602/0.8 \times 0.523\ 16)$$
$$= 187.876\ 1 \times 0.046\ 8 = 8.785\ 8$$

$$\left|l_{b5}\right| \leqslant 6.79\left|\frac{\overline{c}}{2V}\frac{\overline{q}Sc}{I_{yy}}\right| = 6.79\times24.384\times0.5\times0.012\ 5\times1.1\times4\ 602\times1.2\times$$

$$4\ 602\times1.2\times334.729\times24.384/2/4\ 602/0.8/9\ 488\ 200/0.96 = 4.224\ 5$$

假设观测器允许的最大波动误差为 $\alpha_{em} = 4\alpha_m$、$q_{em} = 4q_m$，则有

$$l_{b3}q_{em} + l_{b4}\alpha_{em} + l_{b5}q_{em}\alpha_{em} \leqslant 4\times0.523\ 16\times\left|l_{b3}\right| + \left|l_{b4}\right|\times4\times0.174\ 5 +$$

$$16\times\left|l_{b5}\right|\times0.523\ 16\times0.174\ 5$$

$$\leqslant 4\times0.523\ 16\times1.662 + 8.785\ 8\times4\times0.174\ 5 +$$

$$16\times4.224\ 5\times0.523\ 16\times0.174\ 5$$

$$= 3.478 + 6.132\ 5 + 6.17 = 15.781$$

至此考虑最恶劣情况，系统的稳定裕度矩阵可以描述如下：

$$M = \left(k_{11} - \frac{\left|k_{12}+k_{21}\right|+V}{2} - \frac{\left|k_{13}+k_{31}\right|}{2} - \frac{\left|k_{41}\right|}{2}\right)\Gamma_1^2 +$$

$$\left(k_{22} - 0.002\ 7 - \frac{\left|k_{12}+k_{21}\right|+V}{2} - \frac{\left|k_{23}+k_{32}\right|}{2} - \frac{\left|0.062\ 5+0.006\ 6-k_{42}\right|}{2}\right)\Gamma_2^2 +$$

$$\left(k_{33} - 0.161\ 4 - \frac{\left|k_{31}+k_{13}\right|}{2} - \frac{\left|k_{23}+k_{32}\right|}{2} - \frac{\left|1.393\ 4+3.164\ 4-k_{43}+1\right|}{2} - \frac{15.781}{2}\right)\Gamma_3^2 +$$

$$\left(0.062\ 5+l_{a6} - \frac{\left|k_{41}\right|}{2} - \frac{\left|0.062\ 5+0.006\ 6-k_{42}\right|}{2} - \frac{\left|1.393\ 4+3.164\ 4-k_{43}+1\right|}{2} - \frac{15.781}{2}\right)\Gamma_4^2$$

3.5.3 稳定裕度的修正

针对如下的观测误差子系统：

$$\dot{\tilde{h}} = -k_{11}\tilde{h} - k_{12}\tilde{\gamma} - k_{13}\tilde{q} + \Delta f_1, \qquad \left|\Delta f_1\right| \leqslant V\left|\tilde{\gamma}\right|$$

$$\dot{\tilde{\gamma}} = -k_{21}\tilde{h} + (l_{a7}-k_{22})\tilde{\gamma} - k_{23}\tilde{q} + (l_{a1}+l_{a6})\tilde{\alpha}$$

$$\dot{\tilde{q}} = -k_{31}\tilde{h} - k_{32}\tilde{\gamma} + (l_{b2}-k_{33})\tilde{q} + (l_{a4}+l_{b1})\tilde{\alpha} + l_{b3}\tilde{q}\tilde{\alpha} + l_{b4}\tilde{\alpha}^2 + l_{b5}\tilde{q}\tilde{\alpha}^2$$

$$\dot{\tilde{\alpha}} = -k_{41}\tilde{h} - (k_{42}+l_{a7})\tilde{\gamma} - (k_{43}-1)\tilde{q} - (l_{a1}+l_{a6})\tilde{\alpha}$$

矩阵系统有一个基本的常识，就是把某一行，增大 k 倍（$k>0$），但不影响矩阵的稳定性。假设矩阵 A 稳定，对应的 LEI 型 Lyapunov 函数为 $V = \frac{1}{2}\sum_{i=1}^{n}\Gamma_i z_i^2$，则在某一行系数增大 k 倍后，只需更改行系数 Γ_i 为原来的

$1/k$ 倍，其稳定性不变。

以三维矩阵为例，将第三行增大 k 倍后，得到矩阵 $\boldsymbol{B}$，则其满足

$$\boldsymbol{B} = \begin{bmatrix} 1 & 0 & 0 \\ 0 & 1 & 0 \\ 0 & 0 & k \end{bmatrix} \begin{bmatrix} a_{11} & a_{12} & a_{13} \\ a_{21} & a_{22} & a_{23} \\ a_{31} & a_{32} & a_{33} \end{bmatrix} = \begin{bmatrix} a_{11} & a_{12} & a_{13} \\ a_{21} & a_{22} & a_{23} \\ ka_{31} & ka_{32} & ka_{33} \end{bmatrix} = KA$$

如果系统已经有一行不稳定，那么改变其他行的系数是难以保证其稳定的。那么对上述系统稳定裕度的计算定义如下：

$$
\begin{aligned}
M = & \left(k_{11} - \frac{|k_{12}+k_{21}|+V}{2} - \frac{|k_{13}+k_{31}|}{2} - \frac{|k_{41}|}{2} \right) \Gamma_1^2 + \\
& \left(k_{22} - l_{a7} - \frac{|k_{12}+k_{21}|+V}{2} - \frac{|k_{23}+k_{32}|}{2} - \frac{|l_{a1}+l_{a6}-k_{42}-l_{a7}|}{2} \right) \Gamma_2^2 + \\
& \left(k_{33} - l_{b2} - \frac{|k_{31}+k_{13}|}{2} - \frac{|k_{23}+k_{32}|}{2} - \frac{|l_{a4}+l_{b1}-k_{43}+1|}{2} - \frac{|l_{b3}q_{em}+l_{b4}\alpha_{em}+l_{b5}q_{em}\alpha_{em}|}{2} \right) \Gamma_3^2 + \\
& \left(l_{a1} + l_{a6} - \frac{|k_{41}|}{2} - \frac{|l_{a1}+l_{a6}-k_{42}-l_{a7}|}{2} - \frac{|l_{a4}+l_{b1}-k_{43}+1|}{2} - \frac{|l_{b3}q_{em}+l_{b4}\alpha_{em}+l_{b5}q_{em}\alpha_{em}|}{2} \right) \Gamma_4^2
\end{aligned}
$$

考虑到上述稳定裕度还可以通过调配与交换使得系统获得更大的稳定裕度，因此增加稳定裕度因子如下：

$$
\begin{aligned}
M = & \left(k_{11}\Delta_h - \frac{|k_{12}+k_{21}|+V}{2}\Delta_\gamma - \frac{|k_{13}+k_{31}|}{2}\Delta_q - \frac{|k_{41}|}{2}\Delta_\alpha \right) \Gamma_1^2 + \\
& \left([k_{22}-l_{a7}]\Delta_\gamma - \frac{|k_{12}+k_{21}|+V}{2}\Delta_h - \frac{|k_{23}+k_{32}|}{2}\Delta_q - \frac{|l_{a1}+l_{a6}-k_{42}-l_{a7}|}{2}\Delta_\alpha \right) \Gamma_2^2 + \\
& \left([k_{33}-l_{b2}]\Delta_q - \frac{|k_{31}+k_{13}|}{2}\Delta_h - \frac{|k_{23}+k_{32}|}{2}\Delta_\gamma - \frac{|l_{a4}+l_{b1}-k_{43}+1|}{2}\Delta_\alpha - \right. \\
& \left. \frac{|l_{b3}q_{em}+l_{b4}\alpha_{em}+l_{b5}q_{em}\alpha_{em}|}{2}\Delta_\alpha \right) \Gamma_3^2 + \left([l_{a1}+l_{a6}]\Delta_\alpha - \frac{|k_{41}|}{2}\Delta_h - \right. \\
& \left. \frac{|l_{a1}+l_{a6}-k_{42}-l_{a7}|}{2}\Delta_\gamma - \frac{|l_{a4}+l_{b1}-k_{43}+1|}{2}\Delta_q - \frac{|l_{b3}q_{em}+l_{b4}\alpha_{em}+l_{b5}q_{em}\alpha_{em}|}{2}\Delta_q \right) \Gamma_4^2 \\
= & \, k_{a1}\Gamma_1^2 + k_{a2}\Gamma_2^2 + k_{a3}\Gamma_3^2 + k_{a4}\Gamma_4^2
\end{aligned}
$$

考虑 LEI 增益稳定裕度的过于保守性，对第四维攻角稳定裕度引入误差细化因子，并考虑 k_{11}、k_{22} 与 k_{33} 较大以及 k_{a1}、k_{a2} 与 k_{a3} 大于 200 时，则有 Δ_h、Δ_γ 与 Δ_q 均大概率小于 $\Delta_\alpha / 200$，如果固定 $\Delta_\alpha = 1$，则第四维裕度为

$$
\begin{aligned}
M = &\left(k_{11} - \frac{|k_{12} + k_{21}| + V}{2} - \frac{|k_{13} + k_{31}|}{2} - \frac{|k_{41}|}{2} \right) \Gamma_1^2 + \\
&\left(k_{22} - 0.002\,7 - \frac{|k_{12} + k_{21}| + V}{2} - \frac{|k_{23} + k_{32}|}{2} - \frac{|0.062\,5 + 0.006\,6 - k_{42}|}{2} \right) \Gamma_2^2 + \\
&\left(k_{33} - 0.161\,4 - \frac{|k_{31} + k_{13}|}{2} - \frac{|k_{23} + k_{32}|}{2} - \frac{|1.393\,4 + 3.164\,4 - k_{43} + 1|}{2} - \frac{15.781}{2} \right) \Gamma_3^2 + \\
&\left(0.062\,5 + l_{a6} - \frac{|k_{41}|}{400} - \frac{|0.062\,5 + 0.006\,6 - k_{42}|}{400} - \frac{|1.393\,4 + 3.164\,4 - k_{43} + 1|}{400} - \frac{15.781}{400} \right) \Gamma_4^2
\end{aligned}
$$

显然，第四维裕度明显有所改善，此时 $\frac{15.781}{400} = 0.039$，故可以选取合适的增益保持第四个攻角观测方程的稳定，同时又对 k_{11}、k_{22}、k_{33} 提出了高增益的要求，能够给出增益区间。由于 k_{11}、k_{22}、k_{33} 增益的提高，能够改善前三个观测方程的稳定裕度，故不会影响整个观测器的稳定性。通过分析，可以得出如下两个结论：

结论 3.1： 对于某一维稳定裕度不足的系统，可以通过提高其他维增益来增大系统的稳定裕度。但系统的响应速度无法通过提高其他维增益来改善，因此系统的响应速度主要取决于主对角线增益。

结论 3.2： 由第四维方程可以估算攻角估计误差的收敛速率，其收敛速度不会太快。

3.5.4 增益稳定裕度的再次修正

针对如下的观测误差动态模型：

$$
\begin{aligned}
\dot{\tilde{h}} &= -k_{11}\tilde{h} - k_{12}\tilde{\gamma} - k_{13}\tilde{q} + \Delta f_1, \qquad |\Delta f_1| \leqslant V|\tilde{\gamma}| \\
\dot{\tilde{\gamma}} &= -k_{21}\tilde{h} + (l_{a7} - k_{22})\tilde{\gamma} - k_{23}\tilde{q} + (l_{a1} + l_{a6})\tilde{\alpha} \\
\dot{\tilde{q}} &= -k_{31}\tilde{h} - k_{32}\tilde{\gamma} + (l_{b2} - k_{33})\tilde{q} + (l_{a4} + l_{b1})\tilde{\alpha} + l_{b3}\tilde{q}\tilde{\alpha} + l_{b4}\tilde{\alpha}^2 + l_{b5}\tilde{q}\tilde{\alpha}^2 \\
\dot{\tilde{\alpha}} &= -k_{41}\tilde{h} - (k_{42} + l_{a7})\tilde{\gamma} - (k_{43} - 1)\tilde{q} - (l_{a1} + l_{a6})\tilde{\alpha}
\end{aligned}
$$

考虑到上文所述的不足之处，对增益稳定裕度做出进一步的修正，其结果为

$$
\begin{aligned}
M =& \left(k_{11}\Delta_h - \frac{|k_{12}+k_{21}|+V}{2}\Delta_\gamma - \frac{|k_{13}+k_{31}|}{2}\Delta_q - \frac{|k_{41}|}{2}\Delta_\alpha \right)\Gamma_1^2 + \\
& \left([k_{22}-l_{a7}]\Delta_\gamma - \frac{|k_{12}+k_{21}|+V}{2}\Delta_h - \frac{|k_{23}+k_{32}|}{2}\Delta_q - \frac{|l_{a1}+l_{a6}-k_{42}-l_{a7}|}{2}\Delta_\alpha \right)\Gamma_2^2 + \\
& \left([k_{33}-l_{b2}]\Delta_q - \frac{|k_{31}+k_{13}|}{2}\Delta_h - \frac{|k_{23}+k_{32}|}{2}\Delta_\gamma - \frac{|l_{a4}+l_{b1}-k_{43}+1|}{2}\Delta_\alpha - \right. \\
& \left. \frac{|l_{b3}q_{em}+l_{b4}\alpha_{em}+l_{b5}q_{em}\alpha_{em}|}{2}\Delta_\alpha \right)\Gamma_3^2 + \left([l_{a1}+l_{a6}]\Delta_\alpha - \frac{|k_{41}|}{2}\Delta_h - \right. \\
& \left. \frac{|l_{a1}+l_{a6}-k_{42}-l_{a7}|}{2}\Delta_\gamma - \frac{|l_{a4}+l_{b1}-k_{43}+1|}{2}\Delta_q - \frac{|l_{b3}q_{em}+l_{b4}\alpha_{em}+l_{b5}q_{em}\alpha_{em}|}{2}\Delta_q \right)\Gamma_4^2 \\
=& k_{a1}\Gamma_1^2 + k_{a2}\Gamma_2^2 + k_{a3}\Gamma_3^2 + k_{a4}\Gamma_4^2
\end{aligned}
$$

说明 3.1：此时增益稳定裕度的选取需要在整个系统的稳定裕度与单个子系统稳定裕度之间进行折衷。在病态方程时还需要单独降维分析方法，这是有所缺陷的，只不过期待其在稳定裕度分析方法具有强有力的概率意义。

3.6 高超声速飞行器控制与观测的数字仿真与分析

3.6.1 高超声速飞行器的动力学模型与控制仿真程序

飞行器器体与控制器程序设计如下：

```
clc;clear;close all;
tf=10;dt=0.001;
hwait=waitbar(0,'simulation start');
m=13678.1;
V=4602.5;
h=33528;
q=0; thin_oil=0.1; deta=0;
```

```
alfa=0;gama=0;q=0;
Iyy=9.5*10^6;
rou=0.0125;
Cb=24.4;
S=334.729;g=9.8;
sev=0;sealfa=0;sq=0;
j=0;jj=0;
for i=1:tf/dt
    t=i*dt;
    Va=(8.99*10^-9*h^2-9.16*10^-4*h+996)*0.3048;
    Ma=V/Va;
   Qb=0.5*rou*V^2;
   Cl=0.6203*alfa;
    L=Qb*S*Cl;
    Ct=0.2576*thin_oil;
    if thin_oil<1
       Ct=0.0224+0.00336*thin_oil;
    end
      T=Qb*S*Ct;
     if T<0
            T=0;
     end
    Cd=0.645*alfa^2+0.0043378*alfa+0.003772;
    D=Qb*S*Cd;
    Cm_alfa=-0.035*alfa^2+0.036617*alfa+5.326*10^-6;
    Cm_deta=0.0292*(deta-alfa);
    Cm_q=Cb*q/2/V*(-6.79*alfa^2+0.3015*alfa-0.2289);
    M=Qb*S*Cb*(Cm_alfa+Cm_deta+Cm_q);
    dV=(T*cos(alfa)-D)/m-g*sin(gama);   V=V+dV*dt;
    dh=V*sin(gama);                     h=h+dh*dt;
```

```
            dgama=(L+T*sin(alfa))/(m*V)-g/V*cos(gama);
gama=gama+dgama*dt;
            dq=M/Iyy;
q=q+dq*dt;sq=sq+q*dt;
            dalfa=-(L+T*sin(alfa))/(m*V)+q+g/V*cos(gama);
alfa=alfa+dalfa*dt;
        Vd=4612;
        ev=Vd-V;
        sev=sev+ev*dt;
        kpv=0.01;ksv=0.001;kdv=0.001; ksv=0.01;
        if ev>0
        thin_oil=kpv*ev+ksv*sev+kdv*dV+ksv*ev/(abs(ev)+100);
        end
        if ev<0
            thin_oil=-30;
        end
        if thin_oil<0
            thin_oil=0;
        end
        alfad=4/57.3;
        ealfa=(alfa-alfad)*57.3;
        kp_alfa=-1.5; ks_alfa=-2;kd_alfa=-10;kq=-2;
        sealfa=sealfa+ealfa*dt;
        upitch=kp_alfa*ealfa+ks_alfa*sealfa+kd_alfa*dalfa+q*kq;
        deta=upitch;
        j=j+1;
        if j==10
        j=0;jj=jj+1;
        alfap(jj)=alfa;hpp(jj)=h;Vp(jj)=V;gamap(jj)=gama; faip(jj)= thin_oil;
tp(jj)=t;
```

```
    evp(jj)=ev; Vdp(jj)=Vd; sqp(jj)=sq;    Tp(jj)=T; Lp(jj)=L;Dp(jj)=D;
      waitbar(t/tf,hwait,'figures is coming')
        end
    end
    close(hwait);
figure(1)
plot(tp,alfap*57.3,'k','LineWidth',2)
xlabel('fig.1          t/s')
ylabel('\alpha/deg')
hold on;
figure(2)
plot(tp,hpp,'k','LineWidth',2)
xlabel('fig.2          t/s')
ylabel('h/m')
hold on;
figure(3)
plot(tp,Vp,tp,Vdp,'k','LineWidth',2)
xlabel('fig.3          t/s')
ylabel('V/(m/s)')
hold on;
figure(4)
plot(tp,gamap*57.3,'k','LineWidth',2)
xlabel('fig.4          t/s')
ylabel('\gamma/deg')
hold on;
figure(5)
plot(tp,faip,'k','LineWidth',2)
xlabel('fig.5          t/s')
ylabel('\phi')
hold on;
```

```
figure(6)
plot(tp,Tp,'k','LineWidth',2)
xlabel('fig.6          t/s')
ylabel('T/N')
hold on;
figure(7)
plot(tp,Dp,'k','LineWidth',2)
xlabel('fig.7          t/s')
ylabel('D/N')
hold on;
figure(11)
plot(tp,evp,'k','LineWidth',2)
xlabel('fig.11          t/s')
ylabel('e_v/m/s')
hold on;
figure(14)
plot(tp,sqp*57.3,'k','LineWidth',2)
xlabel('fig.14          t/s')
ylabel('\nu/deg')
hold on;
figure(15)
plot(tp,Tp,'k','LineWidth',2)
xlabel('fig.15          t/s')
ylabel('T/N')
hold on;figure(16)
plot(tp,Lp,'k','LineWidth',2)
xlabel('fig.16          t/s')
ylabel('L/N')
hold on;
figure(17)
```

```
plot(tp,Dp,'k','LineWidth',2)
xlabel('fig.17        t/s')
ylabel('D/N')
hold on;
figure(18)
plot(tp,sqp*57.3,'k','LineWidth',2)
xlabel('fig.18        t/s')
ylabel('Sq/N')
hold on;
```

3.6.2　高超声速飞行器的观测器程序设计

在上述飞行器的基本动力学模型与控制器模型确定的基础上，按照观测器的构造思想，进行高超声速飞行器观测与控制仿真，其程序如下：

```
clc;clear;close all;
  tf=10;dt=0.001;
  hwait=waitbar(0,'simulation start');
  m=136781.3;
  V=4602.5;
  h=33528; hg=h+200;
  q=0; thin_oil=0.1; deta=0;
  alfa=0/57.3;gama=0;q=0;gamag=0+2/57.3;qg=0+2/57.3; alfag=-0.1/57.3;
  Iyy=9.5*10^6;
  rou=0.0125;
  Cb=24.4;
  S=334.729;g=9.8;
  sev=0;sealfa=0;sq=0;
  j=0;jj=0;
  for i=1:tf/dt
      t=i*dt;
```

```
Va=(8.99*10^-9*h^2-9.16*10^-4*h+996)*0.3048;
Ma=V/Va;
Qb=0.5*rou*V^2;
Cl=0.6203*alfa;
L=Qb*S*Cl;
Ct=0.2576*thin_oil;
if thin_oil<1
   Ct=0.0224+0.00336*thin_oil;
end
   T=Qb*S*Ct;
   if T<0
        T=0;
   end
Cd=0.645*alfa^2+0.0043378*alfa+0.003772;
D=Qb*S*Cd;
Cm_alfa=-0.035*alfa^2+0.036617*alfa+5.326*10^-6;
Cm_deta=0.0292*(deta-alfa);
Cm_q=Cb*q/2/V*(-6.79*alfa^2+0.3015*alfa-0.2289);
M=Qb*S*Cb*(Cm_alfa+Cm_deta+Cm_q);
dV=(T*cos(alfa)-D)/m-g*sin(gama);   V=V+dV*dt;
dh=V*sin(gama);                     h=h+dh*dt;
dgama=(L+T*sin(alfa))/(m*V)-g/V*cos(gama);
gama=gama+dgama*dt;
dq=M/Iyy;
q=q+dq*dt;sq=sq+q*dt;
dalfa=-(L+T*sin(alfa))/(m*V)+q+g/V*cos(gama);
alfa=alfa+dalfa*dt;


Clg=0.6203*alfag;
```

```
Lg=Qb*S*Clg;
Cm_alfag=-0.035*alfag^2+0.036617*alfag+5.326*10^-6;
Cm_detag=0.0292*(deta-alfag);
Cm_qg=Cb*q/2/V*(-6.79*alfag^2+0.3015*alfag-0.2289);
Mg=Qb*S*Cb*(Cm_alfag+Cm_detag+Cm_qg);
        ehba=h-hg;egamaba=gama-gamag;eqba=q-qg;
        k11=0.12;k12=0;k13=0;
        k21=0;k22=0.12;k23=0;
        k31=0;k32=0;k33=0.12;
        k41=0;k42=0.0625+0.0066;k43=1.3934+1+3.1644;
        dhg=V*sin(gamag)+k11*ehba+k12*egamaba+k13*eqba;
hg=hg+dhg*dt;
        dgamag=(Lg+T*sin(alfag))/(m*V)-g/V*cos(gamag)+k21*ehba+
k22*egamaba+k23*eqba;gamag=gamag+dgamag*dt;
        dqg=Mg/Iyy+k31*ehba+k32*egamaba+k33*eqba;
qg=qg+dqg*dt;
        dalfag=-(Lg+T*sin(alfag))/(m*V)+qg+g/V*cos(gamag)+
k41*ehba+k42*egamaba+k43*eqba; alfag=alfag+dalfag*dt;
        Vd=4612;
        ev=Vd-V;
        sev=sev+ev*dt;
        kpv=0.01;ksv=0.001;kdv=0.001; ksv=0.01;
        if ev>0
        thin_oil=kpv*ev+ksv*sev+kdv*dV+ksv*ev/(abs(ev)+100);
        end
        if ev<0
            thin_oil=-30;
        end
        if thin_oil<0
```

```
        thin_oil=0;
    end
    alfad=4/57.3;
    ealfa=(alfa-alfad)*57.3;
    kp_alfa=-1.5; ks_alfa=-2;kd_alfa=-10;kq=-2;
    sealfa=sealfa+ealfa*dt;
    upitch=kp_alfa*ealfa+ks_alfa*sealfa+kd_alfa*dalfa+q*kq;
    deta=upitch;
    j=j+1;
    if j==10
    j=0;jj=jj+1;
    alfap(jj)=alfa;hpp(jj)=h;Vp(jj)=V;gamap(jj)=gama; faip(jj)= thin_oil;
tp(jj)=t;
    evp(jj)=ev; Vdp(jj)=Vd; sqp(jj)=sq;   Tp(jj)=T; Lp(jj)=L;Dp(jj)=D;
    alfagp(jj)=alfag;hgp(jj)=h;gamagp(jj)=gamag;qgp(jj)=qg;
    ehbap(jj)=ehba;egamabap(jj)=egamaba;eqbap(jj)=eqba;ealfabap(jj)=alfa-alfag;

    waitbar(t/tf,hwait,'figures is coming')
      end
    end
    close(hwait);
  figure(1)
  plot(tp,alfap*57.3,'k','LineWidth',2)
  xlabel('fig.1          t/s')
  ylabel('\alpha/deg')
  hold on;
  figure(2)
  plot(tp,hpp,'k','LineWidth',2)
  xlabel('fig.2          t/s')
  ylabel('h/m')
```

```
hold on;
figure(3)
plot(tp,Vp,tp,Vdp,'k','LineWidth',2)
xlabel('fig.3        t/s')
ylabel('V/(m/s)')
hold on;
figure(4)
plot(tp,gamap*57.3,'k','LineWidth',2)
xlabel('fig.4        t/s')
ylabel('\gamma/deg')
hold on;
figure(5)
plot(tp,faip,'k','LineWidth',2)
xlabel('fig.5        t/s')
ylabel('\phi')
hold on;
figure(6)
plot(tp,Tp,'k','LineWidth',2)
xlabel('fig.6        t/s')
ylabel('T/N')
hold on;
figure(7)
plot(tp,Dp,'k','LineWidth',2)
xlabel('fig.7        t/s')
ylabel('D/N')
hold on;
figure(11)
plot(tp,evp,'k','LineWidth',2)
xlabel('fig.11        t/s')
ylabel('e_v/m/s')
```

```
hold on;
figure(14)
plot(tp,sqp*57.3,'k','LineWidth',2)
xlabel('fig.14          t/s')
ylabel('\nu/deg')
hold on;
figure(15)
plot(tp,Tp,'k','LineWidth',2)
xlabel('fig.15          t/s')
ylabel('T/N')
hold on;figure(16)
plot(tp,Lp,'k','LineWidth',2)
xlabel('fig.16          t/s')
ylabel('L/N')
hold on;
figure(17)
plot(tp,Dp,'k','LineWidth',2)
xlabel('fig.17          t/s')
ylabel('D/N')
hold on;
figure(18)
plot(tp,sqp*57.3,'k','LineWidth',2)
xlabel('fig.18          t/s')
ylabel('Sq/N')
hold on;
figure(19)
plot(tp,alfagp*57.3,'k','LineWidth',2)
xlabel('fig.19          t/s')
ylabel('alfag')
hold on;
```

```
figure(20)
plot(tp,ehbap,'k','LineWidth',2)
xlabel('fig.20        t/s')
ylabel('ehba')
hold on;
figure(21)
plot(tp,egamabap*57.3,'k','LineWidth',2)
xlabel('fig.21        t/s')
ylabel('egamaba')
hold on;
figure(22)
plot(tp,eqbap,'k','LineWidth',2)
xlabel('fig.22        t/s')
ylabel('eqba')
hold on;
figure(23)
plot(tp,ealfabap*57.3,'k','LineWidth',2)
xlabel('fig.22        t/s')
ylabel('ealfaba')
hold on;
```

在此基础上，对程序做出不同调整，可以得到不同形式的观测器仿真程序与结果，在此不再赘述，详见附录 1。

3.6.3 数字仿真结果与分析

根据前文理论分析与初步的仿真程序的验证，可以得出如下结论。

结论 3.3： 在观测器无初始误差情况下，主对角线增益取 0，即可满足攻角观测的要求。但显然该情况没有工程实用意义，因为在干扰情况或者存在误差情况下，必然迅速发散。

因此选取增益：

```
k11=0;k12=0;k13=0;
k21=0;k22=0;k23=0;
k31=0;k32=0;k33=0;
```

仿真结果如图 3-1 所示。

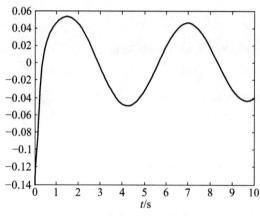

图 3-1　攻角观测误差曲线

接着设置观测器初始状态存在一定误差，程序如下：

```
kk=1;
alfa=0/57.3;gama=0;q=0;
gamag=0+2/57.3*kk;qg=0+1/57.3*kk; alfag=-2/57.3*kk;
hg=h+200*kk;
```

此时主对角线增益直至 0.28 时系统才保持稳定。增益选取如下：

```
kkk=0.28;
k11=kkk;k12=0;k13=0;
k21=0;k22=kkk;k23=0;
k31=0;k32=0;k33=kkk;
k41=0;k42=0.0625+0.0066;k43=1.3934+1+3.1644;
```

仿真结果如图 3-2 所示。

可见，上述增益讨论得到的结果是非常保守的。增益选取只要主对角线增益略大于 0.28 即可。

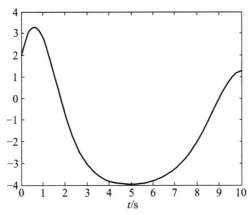

图 3-2 攻角观测误差曲线

如下所示：

k11=0.12;k12=0;k13=0;

k21=0;k22=0.12;k23=0;

k31=0;k32=0;k33=0.12;

在上述增益为 0.12 时系统发散，如图 3-3 所示。

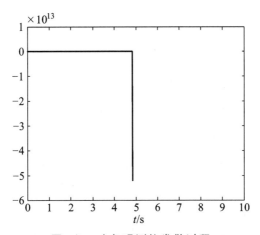

图 3-3 攻角观测值发散过程

结论 3.4：在观测器系统无初始状态误差时，增益选取可以任意小。但此时观测器并没有抗干扰能力，因此不是鲁棒的，无工程实用价值。

062

下面设置观测器初始状态存在较大误差，主要是修改攻角的初始误差值，程序如下：

kk=1;

alfa=0/57.3;gama=0;q=0;

gamag=0+2/57.3*kk;qg=0+1/57.3*kk; alfag=-8/57.3*kk;

hg=h+200*kk;

此时主对角线增益保持不变。增益设置如下：

kkk=0.28;

k11=kkk;k12=0;k13=0;

k21=0;k22=kkk;k23=0;

k31=0;k32=0;k33=kkk;

k41=0;k42=0.0625+0.0066;k43=1.3934+1+3.1644;

仿真结果发散，如图 3-4 所示。

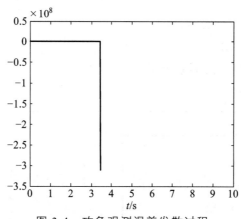

图 3-4　攻角观测误差发散过程

进一步提高增益至 kkk=1.2，系统才能够保持稳定，稳定情况的仿真结果如图 3-5 所示。而增益小于 1.2 时，系统发散。此时攻角的初始误差增大了 4 倍，所需增益也近似增大了 4 倍。

由以上仿真可以看出，观测器所需增益随着初始攻角误差的增大而显著增大。延迟上述仿真时间，可以看出，攻角收敛时间大约在 10 s 之后，如图 3-6 所示。

进一步提高其增益为 kkk=2.2，仿真结果如图 3-7 所示。

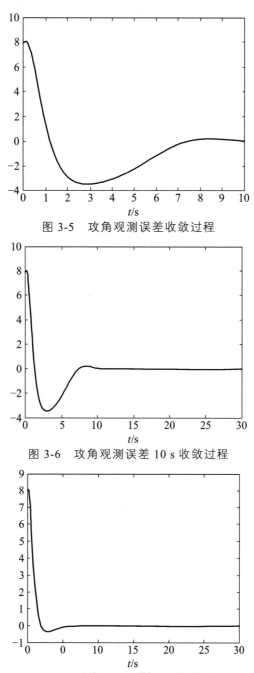

图 3-5　攻角观测误差收敛过程

图 3-6　攻角观测误差 10 s 收敛过程

图 3-7　攻角观测误差 7 s 收敛过程

此时收敛时间在 5 s 左右，进一步提高其增益为 kkk=12.2，仿真结果如图 3-8 所示。

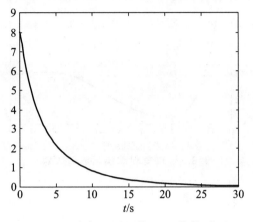

图 3-8　攻角观测误差 15 s 收敛过程

可见攻角收敛速度并没有显著加快。进一步提高其增益为 kkk=120.2，仿真结果如图 3-9 所示。

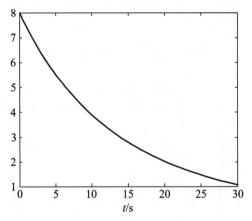

图 3-9　攻角观测误差 30 s 收敛过程

可见收敛速度并没有随着增益的增大而减小，其他方程主对角线增益的提高，并不能有效地加快攻角收敛速度，反而有所减少。其原因主要是由于其他维误差快速减小导致的。攻角的收敛速度取决于攻角观测

方程的稳定裕度，即 $0.062\,5+l_{a6}$ ，其中 $|l_{a6}|\leqslant 0.003\,9$ 。因此可以估算其速度最快约为

$$T = 3\times1/(0.062\,5+l_{a6}) \approx 3\times1/(0.062\,5+0.003\,9) \approx 45$$

这时尝试提高铰链系数，以改进其收敛速度。设置增益如下：

kkk=120.2;

k11=kkk;k12=0;k13=0;

k21=0;k22=kkk;k23=0;

k31=0;k32=0;k33=kkk;

k41=0;k42=0.0625+0.0066+50;k43=1.3934+1+3.1644+50;

仿真结果如图 3-10 所示。

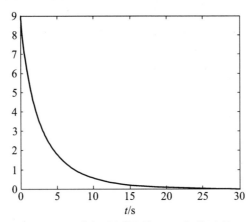

图 3-10　攻角观测误差 15 s 收敛过程

可见攻角观测的收敛速度有所增加，收敛时间大约为 15 s。

进一步增大铰链增益为

kkk=120.2;

k11=kkk;k12=0;k13=0;

k21=0;k22=kkk;k23=0;

k31=0;k32=0;k33=kkk;

k41=0;k42=0.0625+0.0066+500;k43=1.3934+1+3.1644+500;

此时，系统的收敛速度如图 3-11 所示。

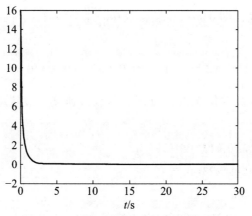

图 3-11　攻角观测误差 2 s 收敛过程

进一步增大铰链增益如下所示：

k41=0;k42=0.0625+0.0066+2500;k43=1.3934+1+3.1644+2500;
仿真结果如图 3-12 所示。

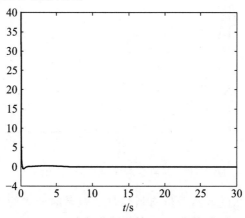

图 3-12　攻角观测误差 0.2 s 收敛过程

可见，铰链系数增益的增加，能够有效地加快攻角观测的收敛速度。

此时有如下猜想：铰链系数增益的增加，是否会导致稳定裕度降低呢？如果考虑初始角速度误差较大的情况，是否会引起系统发散？因此，增大系统的初始角速度误差等如下：

kk=10;　alfa=0/57.3;gama=0;q=0;gamag=0+2/57.3*kk;qg=0+1/57.3*kk;
alfag=-8/57.3*1; hg=h+200*kk;

此时系统发散，如图 3-13 所示。

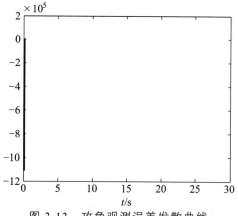

图 3-13　攻角观测误差发散曲线

实际上仅增加其他初始状态观测误差达 2.5 倍时，系统就开始发散。如

kk=2.5; alfa=0/57.3;gama=0;q=0;gamag=0+2/57.3*kk;qg=0+1/57.3*kk; alfag=-8/57.3*1; hg=h+200*kk;

增益选取为

k41=0;k42=0.0625+0.0066+2500;k43=1.3934+1+3.1644+2500;

仿真结果如图 3-14 所示。

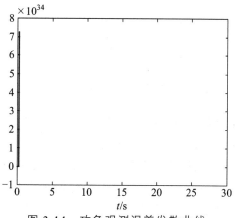

图 3-14　攻角观测误差发散曲线

结论 3.5：铰链增益系数的增加能够加快攻角收敛速度，同时必然导致稳定裕度下降，即对初始状态误差的鲁棒处理能力下降。主增益越大，

系统稳定裕度越大，响应速度越快。铰链增益增大，系统响应速度加快，但稳定裕度下降。

如果增大主对角增益，系统又能够保持稳定，误差设置应如下所示：

kk=2.5; alfa=0/57.3;gama=0;q=0;gamag=0+2/57.3*kk;qg=0+1/57.3*kk;

alfag=-8/57.3*1; hg=h+200*kk;

增益设置如下。

kkk=1200.2;

k11=kkk;k12=0;k13=0;

k21=0;k22=kkk;k23=0;

k31=0;k32=0;k33=kkk;

k41=0;k42=0.0625+0.0066+2500;k43=1.3934+1+3.1644+2500;

仿真结果如图 3-15 所示。

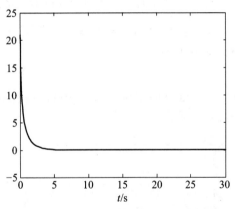

图 3-15　攻角观测误差 2 s 收敛曲线

结论 3.6： 观测器主通道增益和铰链增益必须匹配，铰链增益不能大于主对角增益 2 倍以上，否则必然导致稳定裕度不足与抗干扰能力的下降。

此时有如下猜想：观测器的攻角误差收敛速度很难设置成小于 2 s，否则必然出现增益匹配不当而导致抗干扰能力不足的问题。

为验证上述猜想，我们把误差设置为 10 倍标准情况：

kk=10;

alfa=0/57.3;gama=0;q=0;gamag=0+2/57.3*kk;qg=0+1/57.3*kk;

alfag=-8/57.3*1; hg=h+200*kk;

增益设置如下：

kkk=1200.2;

k11=kkk;k12=0;k13=0;

k21=0;k22=kkk;k23=0;

k31=0;k32=0;k33=kkk;

k41=0;k42=0.0625+0.0066+2500;k43=1.3934+1+3.1644+2500;

仿真结果如图 3-16 所示。

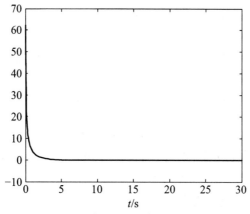

图 3-16　攻角观测误差 2 s 收敛曲线

而当误差设置保持 10 倍初始情况不变，增益设置为主对角增益 120，铰链增益为 0 时，系统仿真结果如图 3-17 所示。

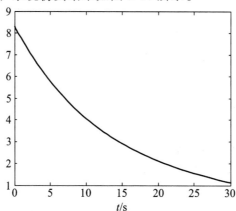

图 3-17　攻角观测误差 30 s 收敛曲线

而当误差设置 30 倍标准情况，增益设置为主对角增益 120，铰链增益为 0 时，系统仿真结果如图 3-18 所示。

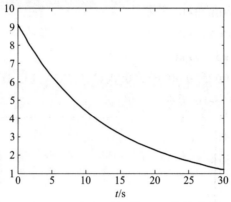

图 3-18　攻角观测误差 30 s 收敛曲线

根据上述仿真分析结果，不难得出如下结论。

结论 3.7：当观测器主对角增益设置较大，而铰链增益设置较小时，攻角观测误差收敛速度较慢，但此时具有强鲁棒性，处理由初始误差带来的系统干扰能力大大增强。

因此，在采用攻角观测值进行系统控制器设计时，一定要考虑攻角观测误差收敛慢对系统稳定性的不利影响，否则是没有实用价值的，或者是有很大安全隐患的。

值得说明的是，上述分析没有讨论将攻角引入控制的影响，也没有将其他状态测量误差对系统产生的影响讨论清楚。还有增益所能产生的最大抑制干扰的力与力矩的作用也没说清楚。

3.7　小　结

本章针对高超声速飞行器俯仰通道的非线性模型进行整理，尤其对其不确定性的模式进行分析，同时在基于大部分状态可测量的情况下，进行了基本的状态观测器设计，并进行了其稳定裕度的定量计算分析，最后进行了数字仿真分析，并通过详细的仿真分析对观测器的设计与稳定裕度进行深入而详细分析，从而得到攻角观测器设计的进一步相关结论。

第4章
采用部分状态测量的高超声速飞行器俯仰通道攻角观测器设计与增益稳定裕度分析

4.1 引 言

前面章节对基本的高超声速飞行器俯仰通道控制系统的攻角观测问题与稳定裕度的定量计算方法，进行了系统的分析。但上述观测器的设计中，考虑的是全部状态都可以测量和可以利用的情况。工程实际中，考虑某些状态对观测器的作用不大，或者某些状态的累积误差较大，或者考虑观测器的设计简化问题，因此采用少量的几个状态构造观测器，既有理论研究意义，又有工程实际价值。本章考虑不采用高度测量值或者姿态角速度，或者不采用姿态角的测量值来对攻角进行观测估计所面临的问题。

4.2 不采用高度测量的攻角观测器设计

针对上述观测器系统，如果不采用高度测量，则无法在观测器中引入高度测量误差，针对最后的稳定裕度表达式

$$M = \left(k_{11}\Delta_h - \frac{|k_{12}+k_{21}|+V}{2}\Delta_\gamma - \frac{|k_{13}+k_{31}|}{2}\Delta_q - \frac{|k_{41}|}{2}\Delta_\alpha \right)\Gamma_1^2 +$$

$$\left([k_{22}-l_{a7}]\Delta_\gamma - \frac{|k_{12}+k_{21}|+V}{2}\Delta_h - \frac{|k_{23}+k_{32}|}{2}\Delta_q - \frac{|l_{a1}+l_{a6}-k_{42}-l_{a7}|}{2}\Delta_\alpha \right)\Gamma_2^2 +$$

$$\left([k_{33}-l_{b2}]\Delta_q - \frac{|k_{31}+k_{13}|}{2}\Delta_h - \frac{|k_{23}+k_{32}|}{2}\Delta_\gamma - \frac{|l_{a4}+l_{b1}-k_{43}+1|}{2}\Delta_\alpha - \right.$$

$$\left. \frac{|l_{b3}q_{em}+l_{b4}\alpha_{em}+l_{b5}q_{em}\alpha_{em}|}{2}\Delta_\alpha \right)\Gamma_3^2 + \left([l_{a1}+l_{a6}]\Delta_\alpha - \frac{|k_{41}|}{2}\Delta_h - \frac{|l_{a1}+l_{a6}-k_{42}-l_{a7}|}{2}\Delta_\gamma - \right.$$

$$\left. \frac{|l_{a4}+l_{b1}-k_{43}+1|}{2}\Delta_q - \frac{|l_{b3}q_{em}+l_{b4}\alpha_{em}+l_{b5}q_{em}\alpha_{em}|}{2}\Delta_q \right)\Gamma_4^2$$

$$= k_{a1}\Gamma_1^2 + k_{a2}\Gamma_2^2 + k_{a3}\Gamma_3^2 + k_{a4}\Gamma_4^2$$

即设置 $k_{11}=0$、$k_{21}=0$、$k_{31}=0$ 以及 $k_{41}=0$，由上述稳定裕度表达式可以分析得出如下结论。

结论 4.1：不采用高度测量以及不使用高度误差，基本不影响观测器系统对攻角观测的精度与收敛速度。

在程序中设置初始误差如下：

kk=30; alfa=0/57.3;gama=0;q=0;gamag=0+2/57.3*kk;qg=0+1/57.3*kk;
alfag=-8/57.3*1; hg=h+200*kk;

在程序中设置增益如下：

kkk=120.2;

k11=0;k12=0;k13=0;

k21=0;k22=kkk;k23=0;

k31=0;k32=0;k33=kkk;

k41=0;k42=0.0625+0.0066+0;k43=1.3934+1+3.1644+0;

仿真结果如图 4-1 ~ 图 4-2 所示。

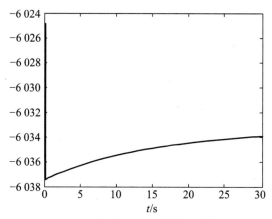

图 4-1　高度观测误差变化曲线

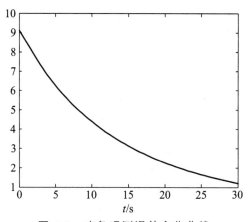

图 4-2　攻角观测误差变化曲线

仿真结果和结论完全一致。下面考虑如果引入高度测量误差，同时引入铰链系数 $k_{41} \neq 0$，看是否影响收敛速度。

在程序中设置初始误差如下：

kk=30;　alfa=0/57.3;gama=0;q=0;gamag=0+2/57.3*kk;qg=0+1/57.3*kk;

alfag=-8/57.3*1; hg=h+200*kk;

在程序中设置增益如下：

kkk=120.2;

k11=kkk;k12=0;k13=0;

k21=0;k22=kkk;k23=0;

k31=0;k32=0;k33=kkk;

k41=0.01;k42=0.0625+0.0066+0;k43=1.3934+1+3.1644+0;

仿真结果如图 4-3 ~ 图 4-4 所示。

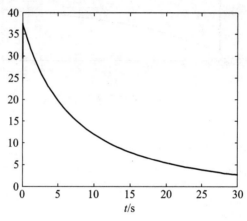

图 4-3　攻角观测误差变化曲线

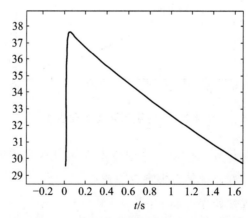

图 4-4　攻角观测误差局部放大曲线

结论 4.2：高度测量误差的反馈引入，并没有加快攻角收敛速度，而且在初始时刻大大加快了攻角观测的发散，同时使得系统更容易失去稳定，尤其是 k_{41} 必须设计得非常小，可见高度的误差，对攻角的观测没有任何帮助，主要是从物理意义上考虑，高度和角度变化之间也确实关联很少。

结论 4.3：高度变化与飞行器角度变化之间的信息耦合与关联度非常小。因此在观测器中引入高度信息对角度观测作用不大，而且还容易导致系统失去稳定性。主要原因是角度信息是短周期的快变量，而高度信息是长周期的慢变量。

下面尝试减小初始状态误差，同时减小主对角元素增益，看是否能通过增大高度铰链增益而加快系统的攻角观测收敛速度。

在程序中设置初始误差如下：

kk=3;　alfa=0/57.3;gama=0;q=0;gamag=0+2/57.3*kk;qg=0+1/57.3*kk;alfag=-8/57.3*1; hg=h+200*kk;

在程序中设置增益如下：

kkk=12.2;

k11=kkk;k12=0;k13=0;

k21=0;k22=kkk;k23=0;

k31=0;k32=0;k33=kkk;

k41=0.1;k42=0.0625+0.0066+0;k43=1.3934+1+3.1644+0;

仿真结果如图 4-5 ~ 图 4-6 所示。

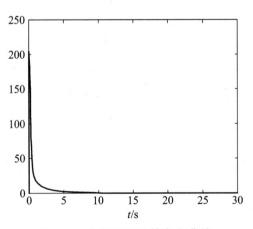

图 4-5　攻角观测误差变化曲线

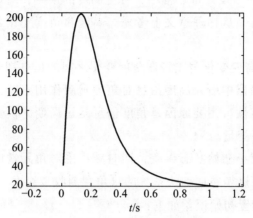

图 4-6 攻角观测误差局部放大曲线

结论 4.4：引入高度误差后，通过设置铰链系数，能够加快攻角观测收敛速度，但同时第一段出现攻角发散，说明高度误差对攻角观测误差收敛的作用具有盲目性。同时铰链系数的设置会导致攻角观测收敛速度增加的同时，必然导致对初始误差的敏感性增加。而初始状态误差增大，容易使系统失去稳定性。

可见，高度误差的引入，给系统设计带来的影响在于，初始高度误差变化的范围可能非常大，从几十到几千，那么给控制器铰链增益 k_{41} 的调节区间将变得非常小，或者考虑采用变增益设置，即初始高度观测误差很大时，取小增益，而初始观测误差很小时，取大增益。在一般情况下，引入高度误差对观测器设计来说是没有必要的。如果引入，那么高度铰链增益必须非常小心地选取为小增益，而且最好采用变增益调节方法。

4.3 不采用高度与姿态角速度测量的攻角观测器设计

如果不采用高度与姿态角速度测量，则无法在观测器中引入高度测量误差与姿态角速度测量误差，因此考虑最后的稳定裕度表达式：

$$M = \left(k_{11}\Delta_h - \frac{|k_{12}+k_{21}|+V}{2}\Delta_\gamma - \frac{|k_{13}+k_{31}|}{2}\Delta_q - \frac{|k_{41}|}{2}\Delta_\alpha \right)\Gamma_1^2 +$$

$$\left([k_{22}-l_{a7}]\Delta_\gamma - \frac{|k_{12}+k_{21}|+V}{2}\Delta_h - \frac{|k_{23}+k_{32}|}{2}\Delta_q - \frac{|l_{a1}+l_{a6}-k_{42}-l_{a7}|}{2}\Delta_\alpha \right)\Gamma_2^2 +$$

$$\left([k_{33}-l_{b2}]\Delta_q - \frac{|k_{31}+k_{13}|}{2}\Delta_h - \frac{|k_{23}+k_{32}|}{2}\Delta_\gamma - \frac{|l_{a4}+l_{b1}-k_{43}+1|}{2}\Delta_\alpha - \right.$$

$$\left. \frac{|l_{b3}q_{em}+l_{b4}\alpha_{em}+l_{b5}q_{em}\alpha_{em}|}{2}\Delta_\alpha \right)\Gamma_3^2 + \left([l_{a1}+l_{a6}]\Delta_\alpha - \frac{|k_{41}|}{2}\Delta_h - \right.$$

$$\left. \frac{|l_{a1}+l_{a6}-k_{42}-l_{a7}|}{2}\Delta_\gamma - \frac{|l_{a4}+l_{b1}-k_{43}+1|}{2}\Delta_q - \frac{|l_{b3}q_{em}+l_{b4}\alpha_{em}+l_{b5}q_{em}\alpha_{em}|}{2}\Delta_q \right)\Gamma_4^2$$

$$= k_{a1}\Gamma_1^2 + k_{a2}\Gamma_2^2 + k_{a3}\Gamma_3^2 + k_{a4}\Gamma_4^2$$

设置 $k_{11}=0$、$k_{21}=0$、$k_{31}=0$ 以及 $k_{41}=0$；设置 $k_{33}=0$、$k_{13}=0$、$k_{43}=0$，由上述稳定裕度表达式可以进行如下分析。

在程序中设置初始误差：

kk=3;　alfa=0/57.3;gama=0;q=0;gamag=0+2/57.3*kk;qg=0+1/57.3*kk;alfag=-8/57.3*1; hg=h+200*kk;

在程序中设置增益：

kkk=120.2;

k11=0;k12=0;k13=0;

k21=0;k22=kkk;k23=0;

k31=0;k32=0;k33=0;%k43=1.3934+1+3.1644+0;

k41=0.0;k42=0.0625+0.0066+0;k43=0;

仿真结果如图 4-7 所示。

结论 4.5：在不采用角速度信号测量时，必然有 $\Delta_q \neq 0$，从而 $\frac{|l_{a4}+l_{b1}-k_{43}+1|}{2}\Delta_q$ 较大，其无法得到抑制，因此无法保证攻角观测的稳定性。

结论 4.6：高超声速飞行器进行攻角观测并且有较好稳定裕度的条件是角速度与姿态角可测量。

结论 4.7：上述观测器中如果直接用姿态角速率的真实值代替估计值，也可以保证观测器的稳定。

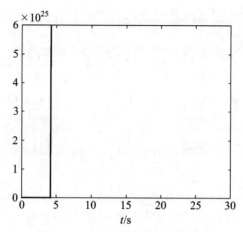

图 4-7　攻角观测误差变化曲线

4.4　不采用高度与姿态角测量的攻角观测器设计

如果不采用高度与姿态角测量，则无法在观测器中引入高度观测误差与姿态角观测误差，针对最后的稳定裕度表达式：

$$M = \left(k_{11}\Delta_h - \frac{|k_{12}+k_{21}|+V}{2}\Delta_\gamma - \frac{|k_{13}+k_{31}|}{2}\Delta_q - \frac{|k_{41}|}{2}\Delta_\alpha\right)\Gamma_1^2 +$$

$$\left([k_{22}-l_{a7}]\Delta_\gamma - \frac{|k_{12}+k_{21}|+V}{2}\Delta_h - \frac{|k_{23}+k_{32}|}{2}\Delta_q - \frac{|l_{a1}+l_{a6}-k_{42}-l_{a7}|}{2}\Delta_\alpha\right)\Gamma_2^2 +$$

$$\left([k_{33}-l_{b2}]\Delta_q - \frac{|k_{31}+k_{13}|}{2}\Delta_h - \frac{|k_{23}+k_{32}|}{2}\Delta_\gamma - \frac{|l_{a4}+l_{b1}-k_{43}+1|}{2}\Delta_\alpha -\right.$$

$$\left.\frac{|l_{b3}q_{em}+l_{b4}\alpha_{em}+l_{b5}q_{em}\alpha_{em}|}{2}\Delta_\alpha\right)\Gamma_3^2 + \left([l_{a1}+l_{a6}]\Delta_\alpha - \frac{|k_{41}|}{2}\Delta_h -\right.$$

$$\left.\frac{|l_{a1}+l_{a6}-k_{42}-l_{a7}|}{2}\Delta_\gamma - \frac{|l_{a4}+l_{b1}-k_{43}+1|}{2}\Delta_q - \frac{|l_{b3}q_{em}+l_{b4}\alpha_{em}+l_{b5}q_{em}\alpha_{em}|}{2}\Delta_q\right)\Gamma_4^2$$

$$= k_{a1}\Gamma_1^2 + k_{a2}\Gamma_2^2 + k_{a3}\Gamma_3^2 + k_{a4}\Gamma_4^2$$

即设置 $k_{11}=0$、$k_{21}=0$、$k_{31}=0$ 以及 $k_{41}=0$。设置 $k_{22}=0$、$k_{12}=0$、$k_{42}=0$、$k_{32}=0$，在程序中设置初始误差如下：

kk=3;　alfa=0/57.3;gama=0;q=0;gamag=0+2/57.3*kk;qg=0+1/57.3*kk; alfag=-8/57.3*1; hg=h+200*kk;

在程序中设置增益如下：

kkk=12.2;

k11=0;k12=0;k13=0;

k21=0;k22=kkk;k23=0;

k31=0;k32=0;k33=0;%k43=1.3934+1+3.1644+0;

k41=0.0;k42=0.0625+0.0066+0;k43=0;

仿真结果如图 4-8 ~ 图 4-9 所示。

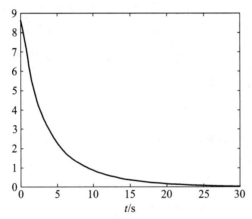

图 4-8　攻角观测误差变化曲线

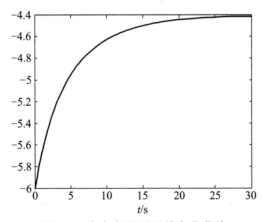

图 4-9　姿态角观测误差变化曲线

由上述稳定裕度表达式可以进行如下分析。

此时在不采用姿态角信号测量时，上述观测器系统：

$$\dot{\tilde{h}} = -k_{11}\tilde{h} - k_{12}\tilde{\gamma} - k_{13}\tilde{q} + \Delta f_1, \qquad\qquad |\Delta f_1| \leqslant V|\tilde{\gamma}|$$

$$\dot{\tilde{\gamma}} = -k_{21}\tilde{h} - k_{22}\tilde{\gamma} - k_{23}\tilde{q} + l_{a1}\tilde{\alpha} + \Delta f_{22}, \qquad |\Delta f_{22}| \leqslant l_{a2}|\tilde{\alpha}| + l_{a3}|\tilde{\gamma}|$$

$$\dot{\tilde{q}} = -k_{31}\tilde{h} - k_{32}\tilde{\gamma} + (l_{b2} - k_{33})\tilde{q} + (l_{a4} + l_{b1})\tilde{\alpha} + l_{b3}\tilde{q}\tilde{\alpha} + l_{b4}\tilde{\alpha}^2 + l_{b5}\tilde{q}\tilde{\alpha}^2$$

$$\dot{\tilde{\alpha}} = -k_{41}\tilde{h} - k_{42}\tilde{\gamma} - (k_{43} - 1)\tilde{q} - l_{a1}\tilde{\alpha} - \Delta f_{22}, \qquad |\Delta f_{42}| \leqslant l_{a2}|\tilde{\alpha}| + l_{a3}|\tilde{\gamma}|$$

可以简化为

$$\dot{\tilde{\gamma}} = -k_{22}\tilde{\gamma} - k_{23}\tilde{q} + l_{a1}\tilde{\alpha} + \Delta f_{22}, \qquad |\Delta f_{22}| \leqslant l_{a2}|\tilde{\alpha}| + l_{a3}|\tilde{\gamma}|$$

$$\dot{\tilde{q}} = -k_{32}\tilde{\gamma} + (l_{b2} - k_{33})\tilde{q} + (l_{a4} + l_{b1})\tilde{\alpha} + l_{b3}\tilde{q}\tilde{\alpha} + l_{b4}\tilde{\alpha}^2 + l_{b5}\tilde{q}\tilde{\alpha}^2$$

$$\dot{\tilde{\alpha}} = -k_{42}\tilde{\gamma} - (k_{43} - 1)\tilde{q} - l_{a1}\tilde{\alpha} - \Delta f_{22}, \qquad |\Delta f_{42}| \leqslant l_{a2}|\tilde{\alpha}| + l_{a3}|\tilde{\gamma}|$$

考虑采用高增益反馈后，$\tilde{q}$ 也可以忽略，进一步将系统简化为

$$\dot{\tilde{\gamma}} = -k_{22}\tilde{\gamma} + l_{a1}\tilde{\alpha} + \Delta f_{22},$$

$$\dot{\tilde{\alpha}} = -k_{42}\tilde{\gamma} - l_{a1}\tilde{\alpha} - \Delta f_{22},$$

$$\Delta f_{22} = \frac{1}{mV}(T(\sin\alpha - \sin\hat{\alpha})) - \frac{1}{V}g(\cos\gamma - \cos\hat{\gamma})$$

$$= \frac{T\cos\alpha_a}{mV}\tilde{\alpha} + \frac{g\sin\gamma_a}{V}\tilde{\gamma} = l_{a6}\tilde{\alpha} + l_{a7}\tilde{\gamma}$$

考虑 $k_{42} = 0$、$k_{22} = 0$，此时系统可以写为

$$\dot{\tilde{\gamma}} = l_{a7}\tilde{\gamma} + (l_{a1} + l_{a6})\tilde{\alpha}$$

$$\dot{\tilde{\alpha}} = -l_{a7}\tilde{\gamma} - (l_{a1} + l_{a6})\tilde{\alpha}$$

其中，$l_{a6} = \dfrac{T\cos\alpha_a}{mV}$，其远小于 0.003 9；$l_{a7} = \dfrac{g\sin\gamma_a}{V}$，其远小于 0.002 7；$l_{a1} = \dfrac{0.620\ 3}{mV}\bar{q}S$，其约等于 0.062 5。

此时由于 $\tilde{\alpha} + \tilde{\gamma}$ 是稳定的，因此定义 $w = \tilde{\alpha} + \tilde{\gamma}$，则上述方程可以化为

$$\dot{\tilde{\alpha}} = -l_{a7}(w - \tilde{\alpha}) - (l_{a1} + l_{a6})\tilde{\alpha} = -l_{a7}w - (l_{a1} + l_{a6} - l_{a7})\tilde{\alpha}$$

此时 $l_{a1} + l_{a6} - l_{a7} > 0$ 显然能够成立，故攻角观测方程能够保持稳定。

结论 4.8：不测量高度与姿态角的情况下，高超声速飞行器仍然能够进行攻角观测。

在程序中设置初始误差如下：

kk=3 ； alfa=0/57.3 ； gama=0 ； q=0 ； gamag=0+2/57.3*kk ； qg=0+1/57.3*kk； alfag=-8/57.3*1； hg=h+200*kk；

进一步减小其控制增益，在程序中设置增益如下：

kkk=2.2；

k11=0；k12=0；k13=0；

k21=0；k22=kkk；k23=0；

k31=0；k32=0；k33=0；%k43=1.3934+1+3.1644+0；

k41=0.0；k42=0.0625+0.0066+0；k43=0；

仿真结果如图 4-10 ~ 图 4-11 所示。

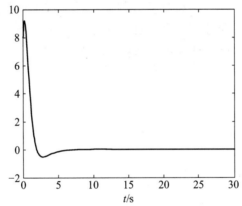

图 4-10 攻角观测误差变化曲线

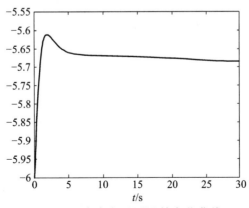

图 4-11 姿态角观测误差变化曲线

结论 4.9：不测量高度与姿态角的情况下，高超声速飞行器攻角观测器仍然具有很好的稳定裕度，其主对角增益不必设置太大。

4.5 小 结

本章分别针对不采用高度信号、同时不采用高度信号与姿态角速度测量信号、同时不采用高度信号与姿态角测量信号的 3 种典型情况，分析了高超声速飞行器俯仰通道攻角观测器的构造与稳定裕度问题。研究表明，高度信号对攻角观测的作用不大，且高度信号的累积变化，对攻角观测误差的精度提高并无显著帮助。姿态角速度与姿态角两者的信号并不需要同时存在即可构造攻角观测器，可见攻角观测的主要激励来源于姿态角或者姿态角速率信号。在仅采用姿态角或姿态角速率信号的情况下，攻角观测器仍然具有很好的稳定裕度。

第 5 章
存在测量误差与干扰以及气动参数不确定的攻角观测器设计与增益稳定裕度分析

5.1 引　言

在第 4 章仅采用部分状态观测器的设计基础上，本章进一步结合工程设计中实际情况的需要，考虑存在状态测量误差、常值干扰、气动参数不确定性这 3 大典型的实际问题，研究高超声速飞行器俯仰通道的攻角观测器设计以及稳定裕度问题。

5.2 考虑存在状态测量误差时的观测器稳定裕度分析

5.2.1 考虑测量误差的模型修正

针对如下的高超声速飞行器模型，其俯仰通道的详细力与力矩计算见第 3 章。

$$\dot{V} = \frac{(T\cos\alpha - D)}{m} - g\sin\gamma$$

$$\dot{h} = V\sin\gamma$$

$$\dot{\gamma} = \frac{1}{mV}(L + T\sin\alpha) - \frac{1}{V}g\cos\gamma$$

$$\dot{q} = \frac{M_y(\alpha)}{I_{yy}}$$

$$\dot{\alpha} = q - \dot{\gamma}$$

针对上述观测器系统：

$$\dot{\hat{h}} = V\sin\hat{\gamma} + k_{11}\tilde{h} + k_{12}\tilde{\gamma} + k_{13}\tilde{q}$$

$$\dot{\hat{\gamma}} = \frac{1}{mV}(\hat{L} + T\sin\hat{\alpha}) - \frac{1}{V}g\cos\hat{\gamma} + k_{21}\tilde{h} + k_{22}\tilde{\gamma} + k_{23}\tilde{q}$$

$$\dot{\hat{q}} = \frac{\hat{M}_y(\hat{\alpha})}{I_{yy}} + k_{31}\tilde{h} + k_{32}\tilde{\gamma} + k_{33}\tilde{q}$$

$$\dot{\hat{\alpha}} = \hat{q} - \dot{\hat{\gamma}} + k_{41}\tilde{h} + k_{42}\tilde{\gamma} + k_{43}\tilde{q}$$

假设观测器中使用的状态存在测量误差，如假设高度测量误差为 Δe_h，即 $h - \Delta e_h = h_c$，其中 h_c 为高度测量值，则观测器中反馈使用的 $\tilde{h}_c = h_c - \hat{h}$；同理假设姿态角测量误差为 Δe_γ，即 $\gamma - \Delta e_\gamma = \gamma_c$，其中 γ_c 为姿态角测量值，则观测器中反馈使用的 $\tilde{\gamma}_c = \gamma_c - \hat{\gamma}$；假设姿态角角速度测量误差为 Δe_q，即 $q - \Delta e_q = q_c$，其中 q_c 为姿态角测量值，则观测器中反馈使用的 $\tilde{q}_c = q_c - \hat{q}$。此时观测器系统为

$$\dot{\hat{h}} = V\sin\hat{\gamma} + k_{11}\tilde{h}_c + k_{12}\tilde{\gamma}_c + k_{13}\tilde{q}_c$$

$$\dot{\hat{\gamma}} = \frac{1}{mV}(\hat{L} + T\sin\hat{\alpha}) - \frac{1}{V}g\cos\hat{\gamma} + k_{21}\tilde{h}_c + k_{22}\tilde{\gamma}_c + k_{23}\tilde{q}_c$$

$$\dot{\hat{q}} = \frac{\hat{M}_y(\hat{\alpha})}{I_{yy}} + k_{31}\tilde{h}_c + k_{32}\tilde{\gamma}_c + k_{33}\tilde{q}_c$$

$$\dot{\hat{\alpha}} = \hat{q} - \dot{\hat{\gamma}} + k_{41}\tilde{h}_c + k_{42}\tilde{\gamma}_c + k_{43}\tilde{q}_c$$

考虑到 $\tilde{h}_c = h_c - \hat{h} = h_c - h + h - \hat{h} = \tilde{h} - \Delta e_h$，将观测器系统进一步改写为

$$\dot{\hat{h}} = V\sin\hat{\gamma} + k_{11}\tilde{h} + k_{12}\tilde{\gamma}_c + k_{13}\tilde{q}_c - k_{11}\Delta e_h - k_{12}\Delta e_\gamma - k_{13}\Delta e_q$$

$$\dot{\hat{\gamma}} = \frac{1}{mV}(\hat{L} + T\sin\hat{\alpha}) - \frac{1}{V}g\cos\hat{\gamma} + k_{21}\tilde{h} + k_{22}\tilde{\gamma} + k_{23}\tilde{q} - k_{21}\Delta e_h - k_{22}\Delta e_\gamma - k_{23}\Delta e_q$$

$$\dot{\hat{q}} = \frac{\hat{M}_y(\hat{\alpha})}{I_{yy}} + k_{31}\tilde{h}_c + k_{32}\tilde{\gamma}_c + k_{33}\tilde{q}_c - k_{31}\Delta e_h - k_{32}\Delta e_\gamma - k_{33}\Delta e_q$$

$$\dot{\hat{\alpha}} = \hat{q} - \dot{\hat{\gamma}} + k_{41}\tilde{h}_c + k_{42}\tilde{\gamma}_c + k_{43}\tilde{q}_c - k_{41}\Delta e_h - k_{42}\Delta e_\gamma - k_{43}\Delta e_q$$

此时针对观测误差系统有

$$\dot{\tilde{h}} = -k_{11}\tilde{h} - k_{12}\tilde{\gamma} - k_{13}\tilde{q} + \Delta f_1 + k_{11}\Delta e_h + k_{12}\Delta e_\gamma + k_{13}\Delta e_q, \qquad |\Delta f_1| \leqslant V|\tilde{\gamma}|$$

$$\dot{\tilde{\gamma}} = -k_{21}\tilde{h} + (l_{a7} - k_{22})\tilde{\gamma} - k_{23}\tilde{q} + (l_{a1} + l_{a6})\tilde{\alpha} + k_{21}\Delta e_h + k_{22}\Delta e_\gamma + k_{23}\Delta e_q$$

$$\dot{\tilde{q}} = -k_{31}\tilde{h} - k_{32}\tilde{\gamma} + (l_{b2} - k_{33})\tilde{q} + (l_{a4} + l_{b1})\tilde{\alpha} + l_{b3}\tilde{q}\tilde{\alpha} + l_{b4}\tilde{\alpha}^2 + l_{b5}\tilde{q}\tilde{\alpha}^2 + $$
$$k_{31}\Delta e_h + k_{32}\Delta e_\gamma + k_{33}\Delta e_q$$

$$\dot{\tilde{\alpha}} = -k_{41}\tilde{h} - (k_{42} + l_{a7})\tilde{\gamma} - (k_{43} - 1)\tilde{q} - (l_{a1} + l_{a6})\tilde{\alpha} + k_{41}\Delta e_h + k_{42}\Delta e_\gamma + k_{43}\Delta e_q$$

考虑到测量误差满足 Δe_h 有界，或者 $\Delta e_h \leqslant k_a h = k_{a1}\hat{h} + k_{a1}\tilde{h}$。在此对前者进行讨论，假设 $|\Delta e_h| \leqslant d_h$、$|\Delta e_\gamma| \leqslant d_\gamma$、$|\Delta e_q| \leqslant d_q$。

此时，系统的平衡点将有所漂移。首先分析如下简单系统的平衡点漂移：

$$\dot{\tilde{h}} = -k_{11}\tilde{h} - k_{12}\tilde{\gamma} + k_{11}\Delta e_h + k_{12}\Delta e_\gamma$$

$$\dot{\tilde{\gamma}} = -k_{21}\tilde{h} + k_{22}\tilde{\gamma} + k_{21}\Delta e_h + k_{22}\Delta e_\gamma$$

平衡点移动至 $\tilde{h} + \Delta h$、$\tilde{\gamma} + \Delta e_\gamma$ 处。

在控制系数 k_{ij} 远大于系统常参数 l_{ai}、l_{bi} 情况下，平衡点大约移动到 $\tilde{h} + \Delta h$、$\tilde{\gamma} + \Delta e_\gamma$ 与 $\tilde{q} + \Delta e_q$。此时攻角的平衡点移动大约为

$$\Delta e_\alpha = [k_{41}\Delta e_h + k_{42}\Delta e_\gamma + k_{43}\Delta e_q - k_{41}\Delta e_h - (k_{42} + l_{a7})\Delta e_\gamma - $$
$$(k_{43} - 1)\Delta e_q]/(l_{a1} + l_{a6})$$
$$= (-l_{a7}\Delta e_\gamma + \Delta e_q)/(l_{a1} + l_{a6})$$

5.2.2　测量误差引起的平衡点漂移仿真验证

选取 $\Delta e_h = 10$、$\Delta e_\gamma = 0.5/57.3$、$\Delta e_q = 1/57.3$，仿真程序见附录 2，得到的仿真结果如图 5-1 ~ 图 5-4 所示。

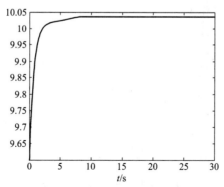

图 5-1　高度观测误差曲线

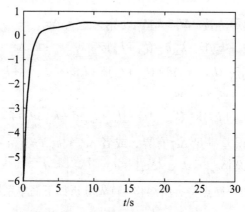

图 5-2　姿态角观测误差曲线

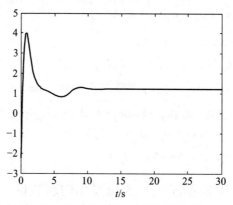

图 5-3　姿态角速度观测误差曲线

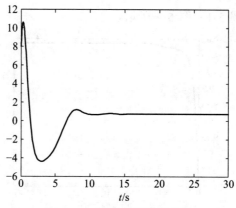

图 5-4　攻角观测误差曲线

由以上仿真曲线可以看出，平衡点的漂移估计是完全合理的。最终稳定的平衡点漂移值，在高度上观测误差稳定在 $\tilde{h}=10.03$，姿态角观测误差稳定在 $\tilde{\gamma}=0.527\,6/57.3$，姿态角速率观测误差稳定在 $\tilde{q}=1.212/57.3$，攻角观测误差 $\tilde{\alpha}=0.715/57.3$。而根据计算公式

$$\Delta e_{\alpha}=(-l_{a7}\Delta e_{\gamma}+\Delta e_q)/(l_{a1}+l_{a6})=\frac{(-0.002\,7\times0.5+1)/57.3}{0.062\,5+0.003\,9}\approx16$$

可以看出攻角的观测误差主要取决于角速度的测量误差。由于主对角增益不够大，因此增大主对角线增益，进行仿真，编写程序如下：

delth=10;deltgama=0.5/57.3; deltq=1/57.3;

ehba=h-delth-hg;egamaba=gama-deltgama-gamag;eqba=q-deltq-qg;

ehba1=h-hg;egamaba1=gama-gamag;eqba1=q-qg;

kkk=1550.2; k11=500;k12=0;k13=0;

k21=0;k22=kkk;k23=0;

k31=0;k32=0;k33=kkk;

k41=0.0;k42=0.0625+0.0066+0;k43=1.3934+1+3.1644+0;

仿真结果如图 5-5 ~ 图 5-8 所示。

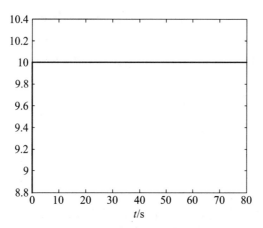

图 5-5　高度观测误差曲线

088

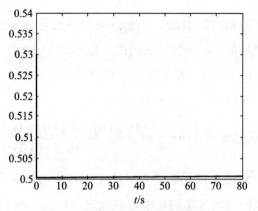

图 5-6 姿态角观测误差曲线

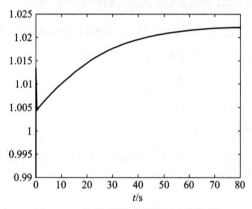

图 5-7 姿态角速度观测误差曲线

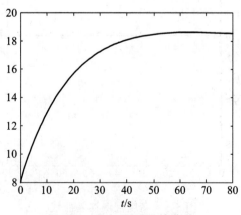

图 5-8 攻角观测误差曲线

以上仿真结果完全验证了结论 5.1 与 5.2。

结论 5.1：在考虑飞行器状态测量的误差情况下，攻角观测器的观测误差主要取决于角速度的测量误差。

结论 5.2：攻角的观测误差约为角速度测量误差的 16 倍以上，同时受姿态角测量误差的影响较小。同时，主对角线控制增益较小，该误差较小。

现在设置姿态角误差为 $\Delta e_\gamma = 5/57.3$，改写程序如下：

delth=10;deltgama=5/57.3; deltq=1/57.3;

仿真结果如图 5-9 ~ 图 5-12 所示。

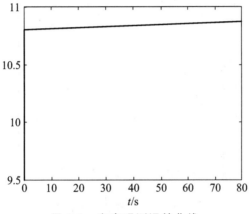

图 5-9　高度观测误差曲线

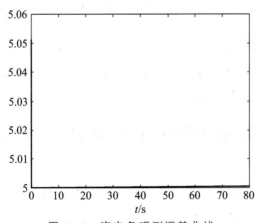

图 5-10　姿态角观测误差曲线

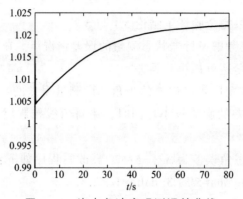

图 5-11　姿态角速度观测误差曲线

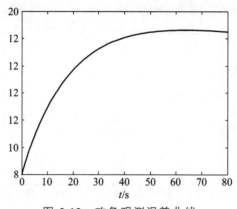

图 5-12　攻角观测误差曲线

由上述仿真结果可以看出，姿态角观测误差增大了 10 倍，但攻角观测误差几乎不受影响。

结论 5.3：测量误差会给攻角带来较大的漂移，而且该漂移随增益变化而变化，从而给稳定裕度带来较大的影响。而大增益情况下，攻角误差仅主要与姿态角速度测量误差相关。

5.2.3　小增益情况下测量误差引起的攻角观测误差平衡点的漂移

为了验证小增益情况下，状态测量误差对攻角观测误差平衡点漂移的影响，特设置参数如下：

delth=10;deltgama=0.5/57.3; deltq=0.2/57.3;

ehba=h-delth-hg;egamaba=gama-deltgama-gamag;eqba=q-deltq-qg;

ehba1=h-hg;egamaba1=gama-gamag;eqba1=q-qg;

kkk=1; k11=500;k12=0;k13=0;

k21=0;k22=50;k23=0;

k31=0;k32=0;k33=2;

k41=0.0;k42=0.0625+0.0066+0;k43=1.3934+1+3.1644+0;

此时 k_{33} 选取较小，带来的隐患是不确定性产生的角速率漂移将比较大。

仿真结果如图 5-13 ~ 图 5-16 所示。

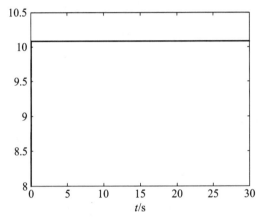

图 5-13　高度观测误差曲线

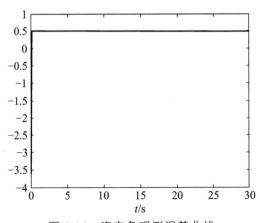

图 5-14　姿态角观测误差曲线

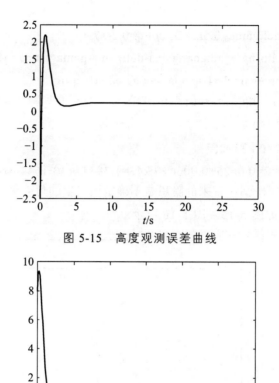

图 5-15 高度观测误差曲线

图 5-16 姿态角观测误差曲线

此时 $\tilde{q} = 0.241\ 4/57.3$ ，攻角观测误差为 $\tilde{\alpha} = 0.26$ 。其原因在于稳态时满足

$$\dot{\tilde{\alpha}} = -k_{41}\tilde{h} - (k_{42} + l_{a7})\tilde{\gamma} - (k_{43} - 1)\tilde{q} - (l_{a1} + l_{a6})\tilde{\alpha} + k_{41}\Delta e_h + k_{42}\Delta e_\gamma + k_{43}\Delta e_q = 0$$

此时有

$$\tilde{\alpha} = \frac{1}{(l_{a1} + l_{a6})}[-k_{41}\tilde{h} - (k_{42} + l_{a7})\tilde{\gamma} - (k_{43} - 1)\tilde{q} + k_{41}\Delta e_h + k_{42}\Delta e_\gamma + k_{43}\Delta e_q]$$

考虑 $k_{41} = 0$ ，但 $k_{42} \neq 0$ 、 $k_{43} \neq 0$ 的情况，此时

$$\tilde{\alpha} = \frac{1}{(l_{a1} + l_{a6})} [-(k_{42} + l_{a7})\tilde{\gamma} - (k_{43} - 1)\tilde{q} + k_{42}\Delta e_{\gamma} + k_{43}\Delta e_q]$$

最终 $\tilde{\gamma} \approx \Delta e_{\gamma}$，此时可以进一步简化为

$$\tilde{\alpha} = \frac{1}{(l_{a1} + l_{a6})} [-l_{a7}\tilde{\gamma} - (k_{43} - 1)\tilde{q} + k_{43}\Delta e_q]$$

再考虑 $\tilde{q} = \Delta e_q + \varepsilon_{eq}$，则

$$\tilde{\alpha} = \frac{1}{(l_{a1} + l_{a6})} [\tilde{q} - l_{a7}\tilde{\gamma} - k_{43}\varepsilon_{eq}]$$

$k_{43} \approx 6$，故当 $\varepsilon_{eq} = 0.25\tilde{q}$ 时，$\tilde{\alpha}$ 将急剧减小。

进一步调整 k_{43} 增益为 4，观察攻角观测误差的变化。修改程序如下：

delth=10;deltgama=0.5/57.3; deltq=0.2/57.3;

      ehba=h-delth-hg;egamaba=gama-deltgama-gamag;eqba=q-deltq-qg;

      ehba1=h-hg;egamaba1=gama-gamag;eqba1=q-qg;

      kkk=1; k11=500;k12=0;k13=0;

      k21=0;k22=50;k23=0;

      k31=0;k32=0;k33=2;

      k41=0.0;k42=0.0625+0.0066+0;k43=1.3934+1+3.1644+0;k43=4;

仿真结果如图 5-17 ~ 图 5-18 所示。

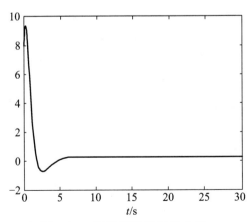

图 5-17　角速率观测误差曲线

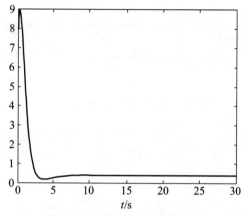

图 5-18　攻角观测误差曲线

此时攻角观测误差增大至 0.36 左右。当继续增大 k_{43} 值时，攻角观测值有所减少，但此时系统稳定裕度降低，系统非常容易失去稳定性。

通过上述仿真分析验证，不难给出如下结论：

结论 5.4： 可以通过选取合适的 k_{43} 使得姿态角加速度采用小增益观测时的攻角观测误差为 0。但当姿态角速度采用大增益观测时，上述攻角的观测误差随姿态角速率的测量误差增大而线性增大。可见，如果需要攻角观测误差随姿态角速率的误差变化较小，则对姿态角速度的观测必须使用小增益。

结论 5.5： k_{33} 取小增益时，观测器的攻角观测精度将会提高，但其稳定裕度又不足，难以抵抗较大的不确定干扰。

结论 5.6： 小增益情况下的观测器设计，有利于提高存在角速度测量误差情况下的攻角观测精度。但其不足在于对未知干扰形成的角速度漂移将会急剧增大。

结论 5.7： 大增益情况下，观测器的攻角观测误差对角速度测量误差的敏感程度将在 16 倍以上。

如果直接采用测量值，则攻角观测误差为

$$\tilde{\alpha} = \frac{1}{(l_{a1}+l_{a6})}[\tilde{q}-l_{a7}\tilde{\gamma}-k_{43}\varepsilon_{eq}] = \frac{1}{(l_{a1}+l_{a6})}[\tilde{q}-l_{a7}\tilde{\gamma}]$$

$$= \frac{1}{(l_{a1}+l_{a6})}[\Delta e_q - l_{a7}\Delta e_\gamma] \geqslant 16\Delta e_q$$

如果采用小增益的观测值，则有

$$\tilde{\alpha} = \frac{1}{(l_{a1} + l_{a6})}[\tilde{q} - l_{a7}\tilde{\gamma} - k_{43}\varepsilon_{eq}] = \frac{1}{(l_{a1} + l_{a6})}[\Delta e_q - k_{43}k_{eq}\Delta e_q - l_{a7}\Delta e_\gamma]$$

而因为

$$\tilde{q} = \Delta e_q + \frac{(l_{a4} + l_{b1})\tilde{\alpha} + l_{b3}\tilde{q}\tilde{\alpha} + l_{b4}\tilde{\alpha}^2 + l_{b5}\tilde{q}\tilde{\alpha}^2}{k_{33}}$$

$$k_{eq} = \frac{(l_{a4} + l_{b1})\tilde{\alpha} + l_{b3}\tilde{q}\tilde{\alpha} + l_{b4}\tilde{\alpha}^2 + l_{b5}\tilde{q}\tilde{\alpha}^2}{k_{33}\Delta e_q}$$

$$\approx \frac{(l_{a4} + l_{b1})\tilde{\alpha} + l_{b4}\tilde{\alpha}^2}{k_{33}\Delta e_q} + \frac{l_{b3}\tilde{\alpha} + l_{b5}\tilde{\alpha}^2}{k_{33}}$$

考虑到 $|l_{a4}| \leqslant 0.844\ 5 \times 1.1 \times 1.2 \times 1.2 / 0.96 = 1.393\ 4$

$$|l_{b1}| \leqslant 3.164\ 4, \quad |l_{b3}| \leqslant 1.662, \quad |l_{b4}| \leqslant 8.785\ 8, \quad |l_{b5}| \leqslant 4.224\ 5$$

此时，如果测量误差 Δe_q 很小时，对应的 k_{43} 表达式为

$$k_{43} = \frac{k_{33}\Delta e_q}{(l_{a4} + l_{b1})\tilde{\alpha} + l_{b3}\tilde{q}\tilde{\alpha} + l_{b4}\tilde{\alpha}^2 + l_{b5}\tilde{q}\tilde{\alpha}^2}$$

因此可以考虑采用动态的增益系数设置，来完全减少攻角观测误差，但问题是上述系数是不确定的，而且含有 $\tilde{\alpha}$，是完全无法获取的，所以 k_{43} 可能无法完全抵消。选定 k_{43} 后，当 Δe_q 变化时，可能 $\tilde{\alpha}$ 也会变化。

如设定程序：

```
delth=10;deltgama=0.5/57.3; deltq=0.4/57.3;
ehba=h-delth-hg;egamaba=gama-deltgama-gamag;eqba=q-deltq-qg;
ehba1=h-hg;egamaba1=gama-gamag;eqba1=q-qg;
kkk=1; k11=500;k12=0;k13=0;
k21=0;k22=50;k23=0;
k31=0;k32=0;k33=2;
k41=0.0;k42=0.0625+0.0066+0;k43=1.3934+1+3.1644+0;
```

此时仿真结果如图 5-19 ~ 图 5-20 所示。

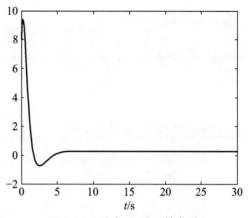

图 5-19 攻角观测误差曲线

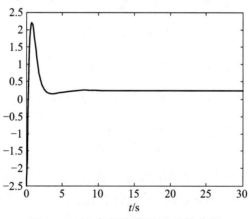

图 5-20 姿态角速率观测误差曲线

此时攻角观测误差稳定在 0.026，姿态角速率观测误差稳定在 0.024。如果将姿态角速度观测误差设为 0，则有

delth=10;deltgama=0.5/57.3; deltq=0.0/57.3;

ehba=h-delth-hg;egamaba=gama-deltgama-gamag;eqba=q-deltq-qg;

ehba1=h-hg;egamaba1=gama-gamag;eqba1=q-qg;

kkk=1; k11=500;k12=0;k13=0;

k21=0;k22=50;k23=0;

k31=0;k32=0;k33=2;

k41=0.0;k42=0.0625+0.0066+0;k43=1.3934+1+3.1644+0;

此时攻角观测误差为 0，如图 5-21 ~ 图 5-22 所示。

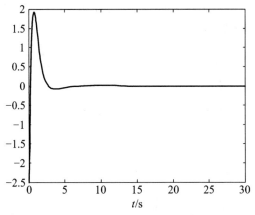

图 5-21　姿态角速率观测误差曲线

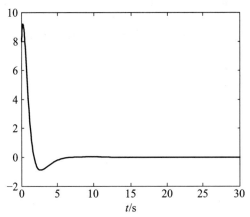

图 5-22　攻角观测误差曲线

进一步增大角速率测量的误差，此时设定程序为

delth=10;deltgama=0.5/57.3; deltq=2/57.3;

ehba=h-delth-hg;egamaba=gama-deltgama-gamag;eqba=q-deltq-qg;

ehba1=h-hg;egamaba1=gama-gamag;eqba1=q-qg;

kkk=1; k11=500;k12=0;k13=0;

k21=0;k22=50;k23=0;

k31=0;k32=0;k33=2;

k41=0.0;k42=0.0625+0.0066+0;k43=1.3934+1+3.1644+0;

dhg=V*sin(gamag)+k11*ehba+k12*egamaba+k13*eqba; hg=hg+dhg*dt;

仿真结果如图 5-23 ~ 图 5-24 所示。

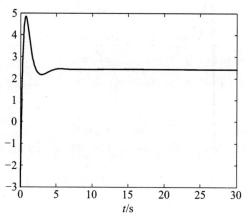

图 5-23　姿态角速率观测误差曲线

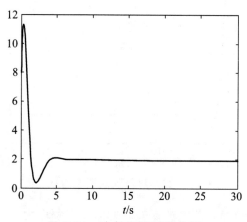

图 5-24　攻角观测误差曲线

因此，通过上述仿真验证，不难得出如下结论。

结论 5.8：当 k_{33} 设置为小增益时，通过 k_{43} 的合理选取，能够将攻角观测误差降低至与角速率测量同一数量级上。

进一步增大角速率测量的误差，此时设定程序为

delth=10;deltgama=0.5/57.3; deltq=5/57.3;

ehba=h-delth-hg;egamaba=gama-deltgama-gamag;eqba=q-deltq-qg;

ehba1=h-hg;egamaba1=gama-gamag;eqba1=q-qg;

kkk=1; k11=500;k12=0;k13=0;

k21=0;k22=50;k23=0;

k31=0;k32=0;k33=2;

k41=0.0;k42=0.0625+0.0066+0;k43=1.3934+1+3.1644+0;

dhg=V*sin(gamag)+k11*ehba+k12*egamaba+k13*eqba; hg=hg+dhg*dt;

仿真结果如图 5-25 ~ 图 5-26 所示。

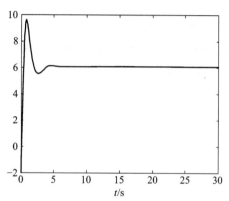

图 5-25　姿态角速率观测误差曲线

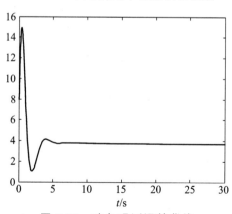

图 5-26　攻角观测误差曲线

以上仿真结果进一步说明了铰链项在攻角观测器中的作用是非常大的。下面单独对第四个子系统分析铰链项对观测器稳定裕度的影响。

5.2.4 k_{33}为小增益时攻角铰链项 k_{43} 对攻角观测器稳定裕度的影响

首先，选取铰链项 k_{43} 为 0，此时设置程序如下。

delth=10;deltgama=0.5/57.3; deltq=0.2/57.3;

ehba=h-delth-hg;egamaba=gama-deltgama-gamag;eqba=q-deltq-qg;

ehba1=h-hg;egamaba1=gama-gamag;eqba1=q-qg;

kkk=1; k11=500;k12=0;k13=0;

k21=0;k22=50;k23=0;

k31=0;k32=0;k33=2;

k41=0.0;k42=0.0625+0.0066+0;k43=1.3934+1+3.1644+0;k43=0;

仿真结果如图 5-27 ~ 图 5-28 所示。

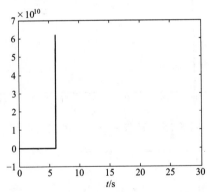

图 5-27　姿态角速率观测误差曲

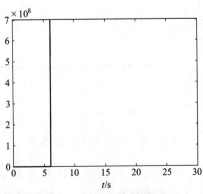

图 5-28　攻角观测误差曲线

此时系统不稳定。可见，攻角铰链项的计算值，对整个攻角观测器的稳定裕度有着至关重要的作用。

然后，选取 k_{43} 为 1，此时设置程序如下。

delth=10;deltgama=0.5/57.3; deltq=0.2/57.3;

ehba=h-delth-hg;egamaba=gama-deltgama-gamag;eqba=q-deltq-qg;

ehba1=h-hg;egamaba1=gama-gamag;eqba1=q-qg;

kkk=1; k11=500;k12=0;k13=0;

k21=0;k22=50;k23=0;

k31=0;k32=0;k33=2;

k41=0.0;k42=0.0625+0.0066+0;k43=1.3934+1+3.1644+0;k43=1;

仿真结果如图 5-29 ~ 图 5-30 所示。

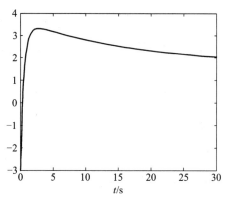

图 5-29 姿态角速率观测误差曲线

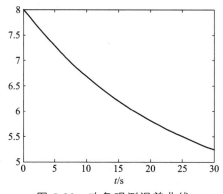

图 5-30 攻角观测误差曲线

因此，攻角铰链项 k_{43} 至少应当设置为 1。

下面尝试设置 k_{43} 为 0，但增大 k_{33} 的值，修改程序如下：

```
delth=10;deltgama=0.5/57.3; deltq=0.2/57.3;
ehba=h-delth-hg;egamaba=gama-deltgama-gamag;eqba=q-deltq-qg;
ehba1=h-hg;egamaba1=gama-gamag;eqba1=q-qg;
kkk=1; k11=500;k12=0;k13=0;
k21=0;k22=50;k23=0;
k31=0;k32=0;k33=20;
k41=0.0;k42=0.0625+0.0066+0;k43=1.3934+1+3.1644+0;k43=0;
```

仿真结果如图 5-31 ~ 图 5-32 所示。

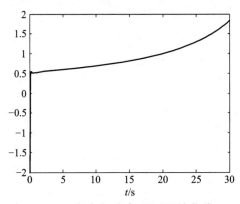

图 5-31　姿态角速率观测误差曲线

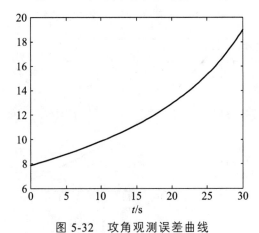

图 5-32　攻角观测误差曲线

结论 5.9：攻角铰链项 k_{43} 的选取，对整个攻角观测器的稳定裕度有着至关重要的作用。攻角铰链项 k_{43} 如果设置为 0，则 k_{33} 的增益至少要增大 10 以上，才能保证观测器系统的稳定。在工程设计中，建议 k_{43} 设置为 1，此时具有较好的稳定裕度。

实际上选取 k_{33} 增大 25 倍即 50 时，系统才能保持稳定。如程序所示：

delth=10;deltgama=0.5/57.3; deltq=0.2/57.3;

  ehba=h-delth-hg;egamaba=gama-deltgama-gamag;eqba=q-deltq-qg;

  ehba1=h-hg;egamaba1=gama-gamag;eqba1=q-qg;

  kkk=1; k11=500;k12=0;k13=0;

  k21=0;k22=50;k23=0;

  k31=0;k32=0;k33=50;

  k41=0.0;k42=0.0625+0.0066+0;k43=1.3934+1+3.1644+0;k43=0;

仿真结果如图 5-33 ~ 图 5-34 所示。

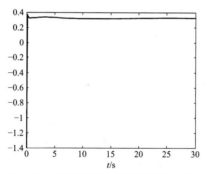

图 5-33　姿态角速率观测误差曲线

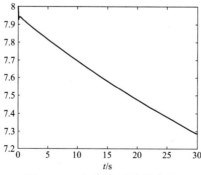

图 5-34　攻角观测误差曲线

5.2.5 测量误差引起的高度观测误差平衡点的漂移仿真验证

调节高度反馈增益，观察高度误差随增益变化的情况。选取

delth=10;deltgama=0.5/57.3; deltq=1/57.3;

选取增益：

kkk=1550.2; k11=50;k12=0;k13=0;

k21=0;k22=kkk;k23=0;

k31=0;k32=0;k33=kkk;

k41=0.0;k42=0.0625+0.0066+0;k43=1.3934+1+3.1644+0;

仿真结果如图 5-35 ~ 图 5-36 所示。

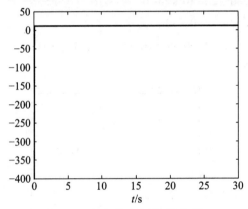

图 5-35 高度观测误差曲线

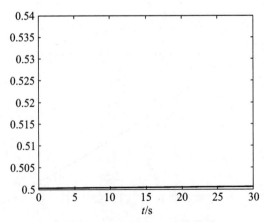

图 5-36 姿态角观测误差曲线

其中，高度观测误差稳定在 $\tilde{h}=10.82$。增大 $k_{11}=100$，仿真结果如图 5-37 ~
图 5-38 所示。

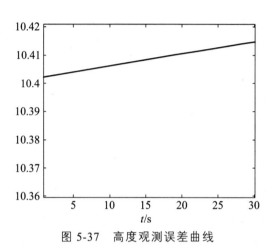

图 5-37　高度观测误差曲线

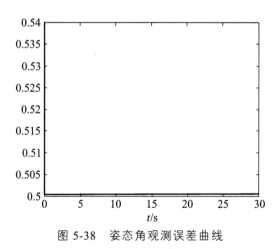

图 5-38　姿态角观测误差曲线

其中，高度观测误差稳定在 $\tilde{h}=10.41$。选取 $k_{11}=5$，仿真结果如图 5-39 ~
图 5-40 所示。

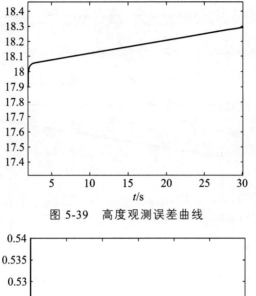

图 5-39 高度观测误差曲线

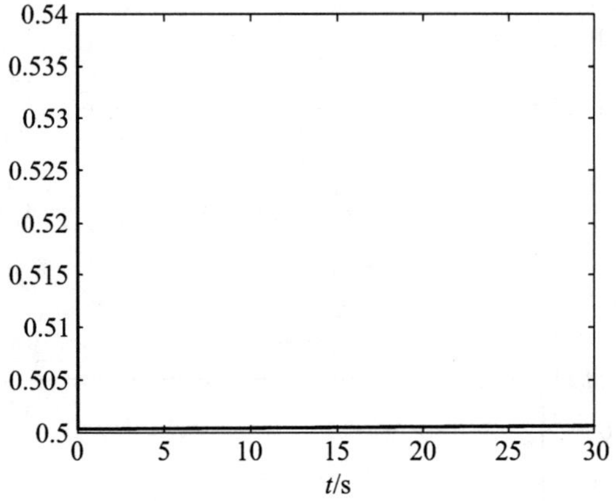

图 5-40 姿态角观测误差曲线

此时增益与高度观测误差估计残差满足

$$0.41 \times k_{11} = 0.41 \times 100 = V0.5/57.3 = 4\ 602 \times 0.5/57.3 = 0.4$$

稳态时，高度观测误差因此满足如下公式：

$$\tilde{h} = \Delta e_h + \frac{\Delta f_1}{k_{11}}$$

而且 $\Delta f_1 \approx 40$。不难得出如下结论。

结论 5.10：可以用漂移度来衡量该系统的抗干扰能力。高度误差的衡量是在 40 的常值干扰下，漂移小于 0.4。同时，高度增益变化可以影响高度观测误差估计漂移，而且漂移和增益的乘积就是忽略项的影响，从而也可以看出系统的稳定裕度。

5.2.6 测量误差引起的姿态角观测误差平衡点的漂移仿真验证

下面计算姿态角观测误差估计漂移与增益之间的关系：

按照理论估算公式，稳态时有

$$(-l_{a7} + k_{22})\tilde{\gamma} = -k_{21}\tilde{h} + k_{23}\tilde{q} + (l_{a1} + l_{a6})\tilde{\alpha} + k_{21}\Delta e_h + k_{22}\Delta e_\gamma + k_{23}\Delta e_q$$

考虑 $k_{22} \gg l_{a7}$，此时

$$\tilde{\gamma} = \Delta e_\gamma + \frac{k_{21}\tilde{h} + k_{23}\tilde{q} + (l_{a1} + l_{a6})\tilde{\alpha} + k_{21}\Delta e_h + k_{23}\Delta e_q}{k_{22}}$$

在设置 k_{21} 与 k_{23} 为 0 的情况下，可以看出

$$\tilde{\gamma} = \Delta e_\gamma + \frac{(l_{a1} + l_{a6})\tilde{\alpha}}{k_{22}}$$

姿态角观测误差估计是可以比较准确的，其漂移比较小，而且随着主反馈增益增大而减小，随着攻角观测误差的减小而减小。其中

$$(l_{a1} + l_{a6})\tilde{\alpha} / k_{22} \approx 0.062\ 5 \times 8 / 57.3 / k_{22} = 0.5 / 57.3 / k_{22}$$
$$= 0.5 / 57.3 / 5 = 0.1 / 57.3$$

此时设置程序如下：

delth=10;deltgama=0.5/57.3; deltq=0.01/57.3;

    ehba=h-delth-hg;egamaba=gama-deltgama-gamag;eqba=q-deltq-qg;

    ehba1=h-hg;egamaba1=gama-gamag;eqba1=q-qg;

    kkk=1550.2; k11=500;k12=0;k13=0;

    k21=0;k22=5;k23=0;

    k31=0;k32=0;k33=kkk;

    k41=0.0;k42=0.0625+0.0066+0;k43=1.3934+1+3.1644+0;

仿真结果如图 5-41 ~ 图 5-42 所示。

108

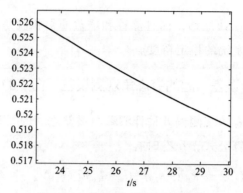

图 5-41 姿态角观测误差曲线

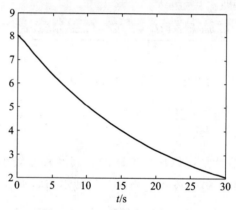

图 5-42 攻角观测误差曲线

进一步增大 $k_{22}=50$，可以得到仿真结果如图 5-43～图 5-44 所示。

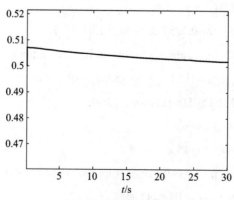

图 5-43 姿态角观测误差曲线

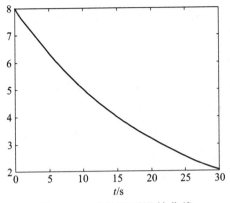

图 5-44　攻角观测误差曲线

以上仿真曲线表明，最终的姿态角观测误差和测量误差有 0.5°的差距，甚至小于 0.1°，当增益由 5 增大至 50 时，姿态角观测误差与测量值误差有 0.5°甚至小于 0.01°的差距。以上仿真结果完全验证了上述理论分析的结果，表面了其分析方法的可行性与正确性。

5.2.7　测量误差引起的姿态角速率观测误差平衡点的漂移仿真验证

测量误差的姿态角速率观测误差理论模型考虑如下：

$$\dot{\tilde{q}} = -k_{31}\tilde{h} - k_{32}\tilde{\gamma} + (l_{b2} - k_{33})\tilde{q} + (l_{a4} + l_{b1})\tilde{\alpha} + l_{b3}\tilde{q}\tilde{\alpha} + l_{b4}\tilde{\alpha}^2 +$$
$$l_{b5}\tilde{q}\tilde{\alpha}^2 + k_{31}\Delta e_h + k_{32}\Delta e_\gamma + k_{33}\Delta e_q$$

其最终平衡点移动为

$$(k_{33} - l_{b2})\tilde{q} = -k_{31}\tilde{h} - k_{32}\tilde{\gamma} + (l_{a4} + l_{b1})\tilde{\alpha} + l_{b3}\tilde{q}\tilde{\alpha} + l_{b4}\tilde{\alpha}^2 +$$
$$l_{b5}\tilde{q}\tilde{\alpha}^2 + k_{31}\Delta e_h + k_{32}\Delta e_\gamma + k_{33}\Delta e_q$$

考虑 $|l_{b2}| \leqslant 0.161\,4$，$k_{33}$ 可选取为远大于 l_{b2}，此时

$$\tilde{q} = \Delta e_q + \frac{-k_{31}\tilde{h} - k_{32}\tilde{\gamma} + (l_{a4} + l_{b1})\tilde{\alpha} + l_{b3}\tilde{q}\tilde{\alpha} + l_{b4}\tilde{\alpha}^2 + l_{b5}\tilde{q}\tilde{\alpha}^2 + k_{31}\Delta e_h + k_{32}\Delta e_\gamma}{k_{33}}$$

如果设计 k_{31}、k_{32} 为 0，此时

$$\tilde{q} = \Delta e_q + \frac{(l_{a4} + l_{b1})\tilde{\alpha} + l_{b3}\tilde{q}\tilde{\alpha} + l_{b4}\tilde{\alpha}^2 + l_{b5}\tilde{q}\tilde{\alpha}^2}{k_{33}}$$

可以通过仿真实验的方法,把 $(l_{a4}+l_{b1})\tilde{\alpha}+l_{b3}\tilde{q}\tilde{\alpha}+l_{b4}\tilde{\alpha}^2+l_{b5}\tilde{q}\tilde{\alpha}^2$ 的大小估计出来。

设置程序如下:

delth=10;deltgama=0.5/57.3; deltq=0.2/57.3;

ehba=h-delth-hg;egamaba=gama-deltgama-gamag;eqba=q-deltq-qg;

ehba1=h-hg;egamaba1=gama-gamag;eqba1=q-qg;

kkk=1550.2; k11=500;k12=0;k13=0;

k21=0;k22=50;k23=0;

k31=0;k32=0;k33=100;

k41=0.0;k42=0.0625+0.0066+0;k43=1.3934+1+3.1644+0;

仿真结果如图 5-45 ~ 图 5-46 所示。

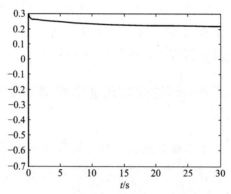

图 5-45　姿态角速率观测误差曲线

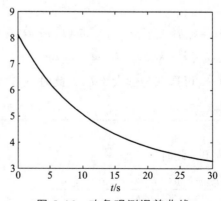

图 5-46　攻角观测误差曲线

最终姿态角速度观测误差稳定在 $\tilde{q} = 0.218\ 2/57.3$ ，故有

$$(l_{a4} + l_{b1})\tilde{\alpha} + l_{b3}\tilde{q}\tilde{\alpha} + l_{b4}\tilde{\alpha}^2 + l_{b5}\tilde{q}\tilde{\alpha}^2 \approx 100 \times 0.018/57.3 = 0.031\ 4$$

同时，常值干扰 1 产生姿态角速度的偏差为 $1/100 \times 57.3 = 0.573$ ，考虑飞行器的转动惯量为 $I_{yy} = 9.488\ 2 \times 10^6$ ，此时干扰力矩为 $M = 1.665 \times 10^7$ ，角速度观测将产生误差为 $1°/s$ 。

此时考虑减小增益如下：

delth=10;deltgama=0.5/57.3; deltq=0.2/57.3;

ehba=h-delth-hg;egamaba=gama-deltgama-gamag;eqba=q-deltq-qg;

ehba1=h-hg;egamaba1=gama-gamag;eqba1=q-qg;

kkk=1550.2; k11=500;k12=0;k13=0;

k21=0;k22=50;k23=0;

k31=0;k32=0;k33=10;

k41=0.0;k42=0.0625+0.0066+0;k43=1.3934+1+3.1644+0;

仿真结果如图 5-47 ~ 图 5-48 所示。

最终姿态角速度观测误差稳定在 $\tilde{q} = 0.235\ 2/57.3$ ，考虑到此时攻角稳态值减小得很快，因此该观测误差估计残差并没有放大 10 倍。

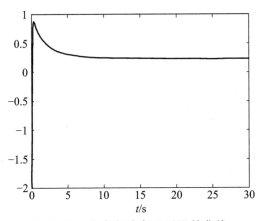

图 5-47　姿态角速率观测误差曲线

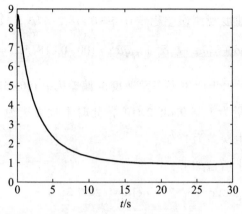

图 5-48 攻角观测误差曲线

再考虑增大增益如下所示：

delth=10;deltgama=0.5/57.3; deltq=0.2/57.3;

ehba=h-delth-hg;egamaba=gama-deltgama-gamag;eqba=q-deltq-qg;

ehba1=h-hg;egamaba1=gama-gamag;eqba1=q-qg;

kkk=1550.2; k11=500;k12=0;k13=0;

k21=0;k22=50;k23=0;

k31=0;k32=0;k33=500;

k41=0.0;k42=0.0625+0.0066+0;k43=1.3934+1+3.1644+0;

仿真结果如图 5-49 ~ 图 5-50 所示。

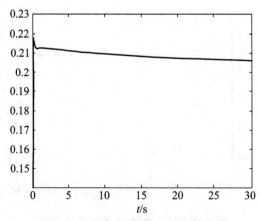

图 5-49 姿态角速率观测误差曲线

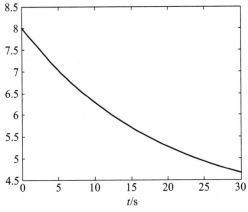

图 5-50　攻角观测误差曲线

最终姿态角速度观测误差稳定在 $\tilde{q} = 0.206/57.3$，考虑到此时攻角稳态值有所增大，因此该观测误差估计残差并没有减小 5 倍，但大约减小到了原来的 1/3。

结论 5.11：在小增益情况下，攻角观测误差会发生共栖效应，此时攻角观测误差为角速率观测误差 1 倍左右。大增益情况下，攻角观测误差保持 16 倍角速率观测误差。

当然，有些问题是值得读者进一步深入分析研究的，即在增益一定时，多大的测量误差引起的平衡点漂移将使得系统失去稳定？上述测量误差引起的叠加误差都大于原观测误差，为什么还要用观测器？是否其作用在于减小攻角观测误差方面，能起到抑制作用？或者说攻角误差是自稳定的？

5.3　给定增益情况下考虑存在状态测量误差时的观测器增益稳定裕度分析

5.3.1　模型修正

考虑到上述平衡点发生漂移后，对系统增益稳定裕度将产生影响，因此对观测器误差模型进行如下的修正，此时系统观测误差满足

$$\dot{\tilde{h}} = -k_{11}\tilde{h} - k_{12}\tilde{\gamma} - k_{13}\tilde{q} + \Delta f_1 + k_{11}\Delta e_h + k_{12}\Delta e_\gamma + k_{13}\Delta e_q, \qquad |\Delta f_1| \leqslant V|\tilde{\gamma}|$$

$$\dot{\tilde{\gamma}} = -k_{21}\tilde{h} + (l_{a7} - k_{22})\tilde{\gamma} - k_{23}\tilde{q} + (l_{a1} + l_{a6})\tilde{\alpha} + k_{21}\Delta e_h + k_{22}\Delta e_\gamma + k_{23}\Delta e_q$$

$$\dot{\tilde{q}} = -k_{31}\tilde{h} - k_{32}\tilde{\gamma} + (l_{b2} - k_{33})\tilde{q} + (l_{a4} + l_{b1})\tilde{\alpha} + l_{b3}\tilde{q}\tilde{\alpha} + l_{b4}\tilde{\alpha}^2 + l_{b5}\tilde{q}\tilde{\alpha}^2 + $$
$$\quad k_{31}\Delta e_h + k_{32}\Delta e_\gamma + k_{33}\Delta e_q$$

$$\dot{\tilde{\alpha}} = -k_{41}\tilde{h} - (k_{42} + l_{a7})\tilde{\gamma} - (k_{43} - 1)\tilde{q} - (l_{a1} + l_{a6})\tilde{\alpha} + k_{41}\Delta e_h + k_{42}\Delta e_\gamma + k_{43}\Delta e_q$$

测量误差引起平衡点漂移，导致 $\tilde{h} \to \Delta e_h$、$\tilde{q} \to \Delta e_q$、$\tilde{\gamma} \to \Delta e_\gamma$，而攻角观测误差满足 $\tilde{\alpha} \to k_\alpha \Delta e_q$。其中，

$$k_\alpha \approx \begin{cases} 1, & k_{33} < 3 \\ 16, & k_{33} > 30 \end{cases}$$

稳定裕度表达式不变，如下所示：

$$M = \left(k_{11}\Delta_h - \frac{|k_{12} + k_{21}| + V}{2}\Delta_\gamma - \frac{|k_{13} + k_{31}|}{2}\Delta_q - \frac{|k_{41}|}{2}\Delta_\alpha \right)\Gamma_1^2 + $$

$$\left([k_{22} - l_{a7}]\Delta_\gamma - \frac{|k_{12} + k_{21}| + V}{2}\Delta_h - \frac{|k_{23} + k_{32}|}{2}\Delta_q - \frac{|l_{a1} + l_{a6} - k_{42} - l_{a7}|}{2}\Delta_\alpha \right)\Gamma_2^2 + $$

$$\left([k_{33} - l_{b2}]\Delta_q - \frac{|k_{31} + k_{13}|}{2}\Delta_h - \frac{|k_{23} + k_{32}|}{2}\Delta_\gamma - \frac{|l_{a4} + l_{b1} - k_{43} + 1|}{2}\Delta_\alpha - \right.$$

$$\left. \frac{|l_{b3}q_{em} + l_{b4}\alpha_{em} + l_{b5}q_{em}\alpha_{em}|}{2}\Delta_\alpha \right)\Gamma_3^2 + \left([l_{a1} + l_{a6}]\Delta_\alpha - \frac{|k_{41}|}{2}\Delta_h - \right.$$

$$\left. \frac{|l_{a1} + l_{a6} - k_{42} - l_{a7}|}{2}\Delta_\gamma - \frac{|l_{a4} + l_{b1} - k_{43} + 1|}{2}\Delta_q - \frac{|l_{b3}q_{em} + l_{b4}\alpha_{em} + l_{b5}q_{em}\alpha_{em}|}{2}\Delta_q \right)\Gamma_4^2$$

$$= k_{a1}\Gamma_1^2 + k_{a2}\Gamma_2^2 + k_{a3}\Gamma_3^2 + k_{a4}\Gamma_4^2$$

5.3.2　常量与时变参量计算

考虑 $l_{a1} = \dfrac{0.620\,3}{mV}\overline{q}S$，$|l_{a1}| \leqslant 0.043\,7 \times 1.2 \times 1.1 \times 1.05 / 0.95 = 0.062\,5$；

考虑 $l_{a4} = 0.007\,417\dfrac{\overline{q}Sc}{I_{yy}}$，$|l_{a4}| \leqslant 0.844\,5 \times 1.1 \times 1.2 \times 1.2 / 0.96 = 1.393\,4$；

考虑 $l_{a6} = \dfrac{T\cos\alpha_a}{mV}$，$|l_{a6}| \leqslant 0.003\,9$，$\alpha_a \in [\alpha \quad \tilde{\alpha}]$

考虑 $l_{a7} = \dfrac{g\sin\gamma_a}{V}$, $|l_{a7}| \leqslant 0.002\,1/0.8 = 0.002\,7$, $\gamma_a \in \begin{bmatrix} \gamma & \tilde{\gamma} \end{bmatrix}$

$$l_{b1} = \left(-0.035\frac{\overline{q}Sc}{I_{yy}}2\alpha + 0.301\,5\frac{\overline{c}}{2V}\frac{\overline{q}Sc}{I_{yy}}q - 6.79\frac{\overline{c}}{2V}\frac{\overline{q}Sc}{I_{yy}}2\alpha q \right)$$

$$l_{b2} = \left(-6.79\frac{\overline{c}}{2V}\frac{\overline{q}Sc}{I_{yy}}\alpha^2 + 0.301\,5\frac{\overline{c}}{2V}\frac{\overline{q}Sc}{I_{yy}}\alpha \right)$$

$$l_{b3} = \left(6.79\frac{\overline{c}}{2V}\frac{\overline{q}Sc}{I_{yy}}2\alpha - 0.301\,5\frac{\overline{c}}{2V}\frac{\overline{q}Sc}{I_{yy}} \right)$$

$$l_{b4} = \left(0.035\frac{\overline{q}Sc}{I_{yy}} + 6.79\frac{\overline{c}}{2V}\frac{\overline{q}Sc}{I_{yy}}q \right)$$

$$l_{b5} = 6.79\frac{\overline{c}}{2V}\frac{\overline{q}Sc}{I_{yy}}$$

考虑系统稳定的要求，并且允许飞行器出现的最大攻角限制 α_m 与最大的转动角速率限制 q_m ，则有

$$|\alpha| < \alpha_m = 10/57.3 = 0.174\,5 , \quad |q| < q_m = 30/57.3 = 0.523\,6$$

则有

$$|l_{b1}| \leqslant 3.164\,4$$

$$|l_{b2}| \leqslant 0.161\,4$$

$$|l_{b3}| \leqslant 1.662$$

$$|l_{b4}| \leqslant 8.785\,8$$

$$|l_{b5}| \leqslant 4.224\,5$$

显然，由于 l_{ai} 、 l_{bi} 的界和观测误差几乎无关，所以系统的稳定裕度不受 l_{ai} 、 l_{bi} 的影响，而唯一受影响的是铰链项，即 $l_{b3}\tilde{q}\tilde{\alpha} + l_{b4}\tilde{\alpha}^2 + l_{b5}\tilde{q}\tilde{\alpha}^2$ 。

假设观测器允许的最大波动误差为 $\alpha_{em} = 4\alpha_m$ 、 $q_{em} = 4q_m$ ，当有观测器误差时，该波动值应当考虑计算为 $\alpha_{em} = 4(\alpha_m + k_\alpha \Delta e_q)$ 、 $q_{em} = 4(q_m + \Delta e_q)$ 。

结论 5.12：观测器系统中，仅角速度测量误差会对系统的稳定裕度产生较大的影响，而姿态角的误差对系统影响非常小，可以忽略不计。

当不考虑观测误差时，则有

$$l_{b3}q_{em} + l_{b4}\alpha_{em} + l_{b5}q_{em}\alpha_{em} \leqslant 4\times0.523\ 16\times|l_{b3}| + |l_{b4}|\times4\times0.174\ 5 +$$
$$16\times|l_{b5}|\times0.523\ 16\times0.174\ 5$$
$$\leqslant 4\times0.523\ 16\times1.662 + 8.785\ 8\times4\times0.174\ 5 +$$
$$16\times4.224\ 5\times0.523\ 16\times0.174\ 5$$
$$= 3.478 + 6.132\ 5 + 6.17 = 15.781$$

考虑观测误差 $\Delta e_q = 6/57.3 = 0.2q_{em}$ 时，此时取 $k_\alpha = 16$，则有

$$l_{b3}q_{em} + l_{b4}\alpha_{em} + l_{b5}q_{em}\alpha_{em} \leqslant 4\times0.523\ 16\times1.2\times|l_{b3}| + |l_{b4}|\times4\times0.174\ 5\times10.6 +$$
$$16\times|l_{b5}|\times0.523\ 16\times0.174\ 5\times1.2\times10.6$$
$$\leqslant 4\times0.523\ 16\times1.662\times1.2 + 8.785\ 8\times4\times0.174\ 5\times10.6 +$$
$$16\times4.224\ 5\times0.523\ 16\times0.174\ 5\times1.2\times10.6$$
$$= 3.478\times1.2 + 6.132\ 5\times10.6 + 6.17\times1.2\times10.6 = 147.65$$

此时由于角速度测量误差，导致铰链项变化 10 倍。

考虑由 $l_{b3}\tilde{q}\tilde{\alpha} + l_{b4}\tilde{\alpha}^2 + l_{b5}\tilde{q}\tilde{\alpha}^2$ 引起的姿态角速率观测误差平衡点漂移修正为

$$\tilde{q} = \Delta e_q + \frac{l_{b3}\tilde{q} + l_{b4}\tilde{\alpha} + l_{b5}\tilde{q}\tilde{\alpha}}{k_{33}}\tilde{\alpha}$$

而 $\tilde{\alpha} \to k_\alpha \Delta e_q$

因此 $\tilde{q} = \Delta e_q + \dfrac{l_{b3}\tilde{q} + l_{b4}\tilde{\alpha} + l_{b5}\tilde{q}\tilde{\alpha}}{k_{33}}k_\alpha \Delta e_q$，如此往复循环，

则当 $\dfrac{l_{b3}\tilde{q} + l_{b4}\tilde{\alpha} + l_{b5}\tilde{q}\tilde{\alpha}}{k_{33}}k_\alpha > 1$ 时，系统必然发散。

因此，当 k_{33} 取值较小时，$k_\alpha = 1$，此时需要系统满足

$$l_{b3}\tilde{q} + l_{b4}\tilde{\alpha} + l_{b5}\tilde{q}\tilde{\alpha} \leqslant k_{33}$$

从而可以估算出 $\tilde{q}$ 的最大容许误差范围。

当 k_{33} 取值较大时，$k_\alpha = 16$，此时系统需满足

$$l_{b3}\tilde{q} + l_{b4}\tilde{\alpha} + l_{b5}\tilde{q}\tilde{\alpha} \leqslant k_{33}/16$$

因此，不难看出 $\Delta e_q = 6/57.3 = 0.2q_{em}$ 时，$147.65 \leqslant k_{33}/16$，此时可以解算出

$$k_{33} \geqslant 147.65\times16$$

考虑假设观测器允许的最大波动误差为 $\alpha_{em} = 4\alpha_m$、$q_{em} = 4q_m$ 时的 4 倍裕度设置，因此 $k_{33} = 147.65$，此时观测器难以保证稳定。

设置程序如下：

```
delth=10;deltgama=0.5/57.3; deltq=6/57.3;
    ehba=h-delth-hg;egamaba=gama-deltgama-gamag;eqba=q-deltq-qg;
    ehba1=h-hg;egamaba1=gama-gamag;eqba1=q-qg;
    kkk=1; k11=500;k12=0;k13=0;
    k21=0;k22=50;k23=0;
    k31=0;k32=0;k33=100;
    k41=0.0;k42=0.0625+0.0066+0;k43=1.3934+1+3.1644+0;
```

仿真结果如图 5-51 ~ 图 5-52 所示。

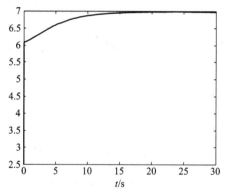

图 5-51　姿态角速率观测误差曲线

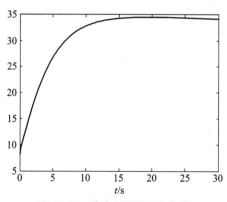

图 5-52　攻角观测误差曲线

　　此时仿真表现的稳定性非常好，主要是由于铰链项恰到好处的设置原因。取消铰链项的设置，如下所示：

delth=10;deltgama=0.5/57.3; deltq=6/57.3;

ehba=h-delth-hg;egamaba=gama-deltgama-gamag;eqba=q-deltq-qg;

ehba1=h-hg;egamaba1=gama-gamag;eqba1=q-qg;

kkk=1; k11=500;k12=0;k13=0;

k21=0;k22=50;k23=0;

k31=0;k32=0;k33=100;

k41=0.0;k42=0.0625+0.0066+0;k43=1.3934+1+3.1644+0; k43=1;

仿真结果如图 5-53 ~ 图 5-54 所示。

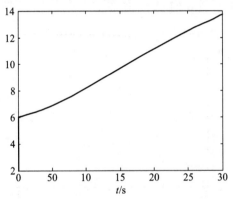

图 5-53　姿态角速率观测误差曲线

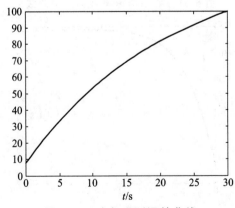

图 5-54　攻角观测误差曲线

系统仍然稳定，延长仿真时间，并调整增益为

delth=10;deltgama=0.5/57.3; deltq=6/57.3;

ehba=h-delth-hg;egamaba=gama-deltgama-gamag;eqba=q-deltq-qg;

ehba1=h-hg;egamaba1=gama-gamag;eqba1=q-qg;

kkk=1; k11=500;k12=0;k13=0;

k21=0;k22=50;k23=0;

k31=0;k32=0;k33=30;

k41=0.0;k42=0.0625+0.0066+0;k43=1.3934+1+3.1644+0; k43=1;

dhg=V*sin(gamag)+k11*ehba+k12*egamaba+k13*eqba; hg=hg+dhg*dt;

仿真结果如图 5-55 ~ 图 5-56 所示。

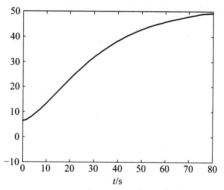

图 5-55　姿态角速率观测误差曲线

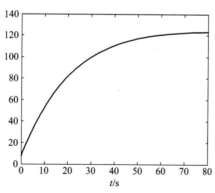

图 5-56　攻角观测误差曲线

系统出现不稳定的原因是系统为弱非线性，平方项的系数非常小，

120

而且在小于 1 的范围内平方小于一次项。因此上述系统总是稳定的，仅仅是平衡点发生了漂移。

下面尝试完成去除铰链系数的影响，设置如下：

delth=10;deltgama=0.5/57.3; deltq=6/57.3;

        ehba=h-delth-hg;egamaba=gama-deltgama-gamag;eqba=q-deltq-qg;

        ehba1=h-hg;egamaba1=gama-gamag;eqba1=q-qg;

        kkk=1; k11=500;k12=0;k13=0;

        k21=0;k22=50;k23=0;

        k31=0;k32=0;k33=300;

        k41=0.0;k42=0.0625+0.0066+0;k43=1.3934+1+3.1644+0; k43=0;

此时系统很快发散，如图 5-57 ~ 图 5-58 所示。

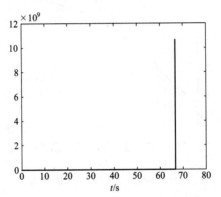

图 5-57　姿态角速率观测误差曲线

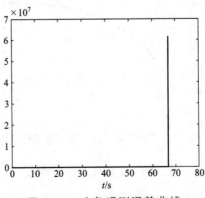

图 5-58　攻角观测误差曲线

至此发现问题：k_{43} 铰链项为何对系统稳定裕度影响特别大？说明铰链项必须要补偿，否则对系统稳定裕度影响较大。主要是 k_{43} 的存在，使得角速率误差引起的攻角观测误差比例系数由 20 逐渐下降，大大改善了其稳定性。同时可以看出

$$\tilde{q} = \Delta e_q + \frac{-k_{31}\tilde{h} - k_{32}\tilde{\gamma} + (l_{a4}+l_{b1})\tilde{\alpha} + l_{b3}\tilde{q}\tilde{\alpha} + l_{b4}\tilde{\alpha}^2 + l_{b5}\tilde{q}\tilde{\alpha}^2 + k_{31}\Delta e_h + k_{32}\Delta e_\gamma}{k_{33}}$$

$$= \Delta e_q + \varepsilon_{eq}$$

$$\tilde{\alpha} = \frac{1}{(l_{a1}+l_{a6})}[-k_{41}\tilde{h} - (k_{42}+l_{a7})\tilde{\gamma} - (k_{43}-1)\tilde{q} + k_{41}\Delta e_h + k_{42}\Delta e_\gamma + k_{43}\Delta e_q]$$

通过简化分析得

$$\tilde{\alpha} \approx \frac{1}{(l_{a1}+l_{a6})}[-(k_{43}-1)(\Delta e_q + \varepsilon_{eq}) + k_{43}\Delta e_q]$$

$$= \frac{1}{(l_{a1}+l_{a6})}[\Delta e_q - (k_{43}-1)\varepsilon_{eq}]$$

再代入上式得

$$\frac{-k_{31}\tilde{h} - k_{32}\tilde{\gamma} + (l_{a4}+l_{b1})\tilde{\alpha} + l_{b3}\tilde{q}\tilde{\alpha} + l_{b4}\tilde{\alpha}^2 + l_{b5}\tilde{q}\tilde{\alpha}^2 + k_{31}\Delta e_h + k_{32}\Delta e_\gamma}{k_{33}}$$

$$= \varepsilon_{eq}$$

$$\approx \frac{(l_{a4}+l_{b1})\tilde{\alpha} + l_{b3}\tilde{q}\tilde{\alpha} + l_{b4}\tilde{\alpha}^2 + l_{b5}\tilde{q}\tilde{\alpha}^2}{k_{33}} = \frac{(l_{a4}+l_{b1}) + l_{b3}\tilde{q} + l_{b4}\tilde{\alpha} + l_{b5}\tilde{q}\tilde{\alpha}}{k_{33}}\tilde{\alpha}$$

$$= k_{aa}\tilde{\alpha}$$

考虑 $\varepsilon_{eq} < \Delta e_q$ ，否则不满足小量假设，因此有 $k_{aa}\tilde{\alpha} \leqslant \Delta e_q$ ，则有

$$\tilde{\alpha} \leqslant \frac{\Delta e_q}{k_{aa}}$$

即

$$\frac{1}{(l_{a1}+l_{a6})}[\Delta e_q - (k_{43}-1)\varepsilon_{eq}] \leqslant \frac{\Delta e_q}{k_{aa}}$$

当考虑 ε_{eq} 为小量时，有

$$\frac{1}{(l_{a1}+l_{a6})} \leqslant \frac{1}{k_{aa}}$$

即

$$\frac{1}{(l_{a1}+l_{a6})} \leqslant \frac{k_{33}}{(l_{a4}+l_{b1})+l_{b3}\tilde{q}+l_{b4}\tilde{\alpha}+l_{b5}\tilde{q}\tilde{\alpha}}$$

即

$$k_{33} \geqslant \frac{(l_{a4}+l_{b1})+l_{b3}\tilde{q}+l_{b4}\tilde{\alpha}+l_{b5}\tilde{q}\tilde{\alpha}}{(l_{a1}+l_{a6})}$$

考虑

$$k_{33} \geqslant \frac{(l_{a4}+l_{b1})+l_{b3}\tilde{q}+l_{b4}\tilde{\alpha}+l_{b5}\tilde{q}\tilde{\alpha}}{(l_{a1}+l_{a6})}$$

$|l_{a1}| \leqslant 0.043\ 7 \times 1.2 \times 1.1 \times 1.05/0.95 = 0.062\ 5$，$\quad |l_{a6}| \leqslant 0.003\ 9$，

$|l_{a4}| \leqslant 0.844\ 5 \times 1.1 \times 1.2 \times 1.2/0.96 = 1.393\ 4$；

$|l_{b1}| \leqslant 3.164\ 4$，$\quad |l_{b2}| \leqslant 0.161\ 4$，$\quad |l_{b3}| \leqslant 1.662$，

$|l_{b4}| \leqslant 8.785\ 8$，$\quad |l_{b5}| \leqslant 4.224\ 5$

$|\tilde{q}| \leqslant 4(30+6)/57.3$，$\quad |\tilde{\alpha}| \leqslant 4(30+6)/57.3 \times 20$

此时选取最恶劣情况有

$$\frac{(l_{a4}+l_{b1})+l_{b3}\tilde{q}+l_{b4}\tilde{\alpha}+l_{b5}\tilde{q}\tilde{\alpha}}{(l_{a1}+l_{a6})}$$

$$\leqslant \frac{1.4+3.16+1.66 \times 36 \times 4/57.3+8.78 \times 36 \times 4/57.3 \times (1/0.06)}{0.066\ 4} +$$

$$\frac{4.2 \times 36 \times 4/57.3 \times 36 \times 4/57.3 \times (1/0.06)}{0.066\ 4}$$

$$= 13\ 643$$

而一般情况估算为

$$\frac{(l_{a4}+l_{b1})+l_{b3}\tilde{q}+l_{b4}\tilde{\alpha}+l_{b5}\tilde{q}\tilde{\alpha}}{(l_{a1}+l_{a6})}$$

$$=\frac{1.4+3.16+1.66\times36\times4/57.3+8.78\times6\times1/57.3\times(1/0.06)}{0.066\ 4}+$$

$$\frac{4.2\times6\times1/57.3\times6\times1/57.3\times(1/0.06)}{0.066\ 4}$$

$$=347$$

下面选取无铰链项，设置控制增益 $k_{33}=100$ ，仿真结果如图 5-59 ~ 图 5-60 所示。

delth=10;deltgama=0.5/57.3; deltq=6/57.3;

ehba=h-delth-hg;egamaba=gama-deltgama-gamag;eqba=q-deltq-qg;

ehba1=h-hg;egamaba1=gama-gamag;eqba1=q-qg;

kkk=1; k11=500;k12=0;k13=0;

k21=0;k22=50;k23=0;

k31=0;k32=0;k33=100;

k41=0.0;k42=0.0625+0.0066+0;k43=1.3934+1+3.1644+0; k43=0;

此时系统很快发散。

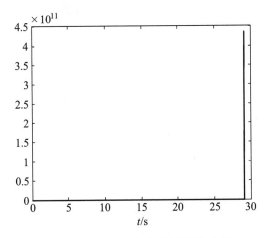

图 5-59　姿态角速率观测误差曲线

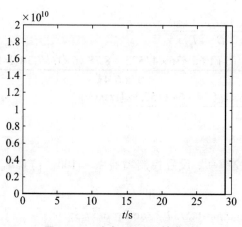

图 5-60　攻角观测误差曲线

设置控制增益 $k_{33}=300$ ，仿真结果如图 5-61～图 5-62 所示。

delth=10;deltgama=0.5/57.3; deltq=6/57.3;

ehba=h-delth-hg;egamaba=gama-deltgama-gamag;eqba=q-deltq-qg;

ehba1=h-hg;egamaba1=gama-gamag;eqba1=q-qg;

kkk=1; k11=500;k12=0;k13=0;

k21=0;k22=50;k23=0;

k31=0;k32=0;k33=300;

k41=0.0;k42=0.0625+0.0066+0;k43=1.3934+1+3.1644+0; k43=0;

在 30 s 时发散不明显，但 80 s 时显示明显发散。

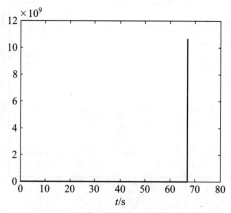

图 5-61　姿态角速率观测误差曲线

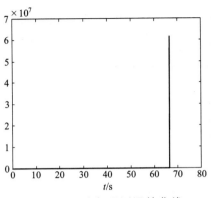

图 5-62　攻角观测误差曲线

当选取 $k_{33}=1\,200$，进行 120 s 仿真时，仿真结果表明系统稳定，如图 5-63 ~ 图 5-64 所示。

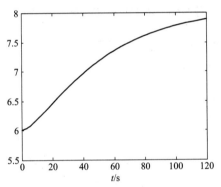

图 5-63　姿态角速率观测误差曲线

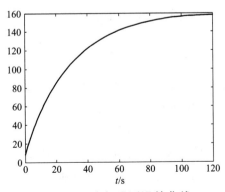

图 5-64　攻角观测误差曲线

当选取 $k_{33} = 800$，进行 280 s 仿真时，仿真结果表明系统发散，如图 5-65 ~ 图 5-66 所示。

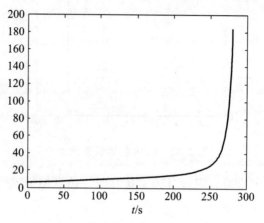

图 5-65　姿态角速率观测误差曲线

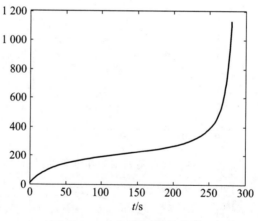

图 5-66　攻角观测误差曲线

因此，我们发现系统稳定裕度受铰链项的系数影响非常大。尤其是攻角观测系数，属于稳定系数小于 1 的系统，非常容易导致发散。但该发散主要是由于攻角的稳定裕度不够引起的。

结论 5.13：当主对角线元素稳定，但其系数绝对值小于 1 时，对其他维变量的漂移具有放大作用。而非线性项则导致系统漂移点超过 1 后急剧增加。

5.4 存在常值干扰的观测器误差与增益稳定裕度分析

5.4.1 常值干扰模型的建立

假设高超声速模型中存在常值干扰，则在原高超声速飞行器俯仰通道的非线性模型基础上，对其补充常值干扰进行模型修正。

$$\dot{V} = \frac{(T\cos\alpha - D)}{m} - g\sin\gamma + \Delta_v$$

$$\dot{h} = V\sin\gamma + \Delta_h$$

$$\dot{\gamma} = \frac{1}{mV}(L + T\sin\alpha) - \frac{1}{V}g\cos\gamma + \Delta_\gamma$$

$$\dot{q} = \frac{M_y(\alpha)}{I_{yy}} + \Delta_q$$

$$\dot{\alpha} = q - \dot{\gamma} - \Delta_\gamma$$

其中，Δ_v、Δ_h、Δ_γ、Δ_q 为有界常量。

建立观测器系统：

$$\dot{\hat{h}} = V\sin\hat{\gamma} + k_{11}\tilde{h} + k_{12}\tilde{\gamma} + k_{13}\tilde{q}$$

$$\dot{\hat{\gamma}} = \frac{1}{mV}(\hat{L} + T\sin\hat{\alpha}) - \frac{1}{V}g\cos\hat{\gamma} + k_{21}\tilde{h} + k_{22}\tilde{\gamma} + k_{23}\tilde{q}$$

$$\dot{\hat{q}} = \frac{\hat{M}_y(\hat{\alpha})}{I_{yy}} + k_{31}\tilde{h} + k_{32}\tilde{\gamma} + k_{33}\tilde{q}$$

$$\dot{\hat{\alpha}} = \hat{q} - \dot{\hat{\gamma}} + k_{41}\tilde{h} + k_{42}\tilde{\gamma} + k_{43}\tilde{q}$$

定义观测误差变量为 $\tilde{h} = h - \hat{h}$、$\tilde{\gamma} = \gamma - \hat{\gamma}$、$\tilde{q} = q - \hat{q}$、$\tilde{\alpha} = \alpha - \hat{\alpha}$，则有

$$\dot{\tilde{h}} = -k_{11}\tilde{h} - k_{12}\tilde{\gamma} - k_{13}\tilde{q} + \Delta f_1 + \Delta_h, \qquad |\Delta f_1| \le V|\tilde{\gamma}|$$

$$\dot{\tilde{\gamma}} = -k_{21}\tilde{h} + (l_{a7} - k_{22})\tilde{\gamma} - k_{23}\tilde{q} + (l_{a1} + l_{a6})\tilde{\alpha} + \Delta_\gamma$$

$$\dot{\tilde{q}} = -k_{31}\tilde{h} - k_{32}\tilde{\gamma} + (l_{b2} - k_{33})\tilde{q} + (l_{a4} + l_{b1})\tilde{\alpha} + l_{b3}\tilde{q}\tilde{\alpha} + l_{b4}\tilde{\alpha}^2 + l_{b5}\tilde{q}\tilde{\alpha}^2 + \Delta_q$$

$$\dot{\tilde{\alpha}} = -k_{41}\tilde{h} - (k_{42} + l_{a7})\tilde{\gamma} - (k_{43} - 1)\tilde{q} - (l_{a1} + l_{a6})\tilde{\alpha} - \Delta_\gamma$$

5.4.2 平衡点漂移的估计

考虑主对角元素远大于铰链元素的情况，系统最终的平衡点的漂移可以近似如下估计：

$$\tilde{h} \to \Delta_h / k_{11} 、 \quad \tilde{\gamma} \to \Delta_{\gamma} / k_{22} 、 \quad \tilde{q} \to \Delta_q / k_{33}$$

$$\tilde{\alpha} \to \frac{-k_{41}\Delta_h / k_{11} - (k_{42}+l_{a7})\Delta_{\gamma} / k_{22} - (k_{43}-1)\Delta_q / k_{33} - \Delta_{\gamma}}{(l_{a1}+l_{a6})}$$

结论 5.14： 由上述推导可以看出，攻角平衡点的漂移，受姿态角微分方程的干扰是比较大的，这与测量误差引起的平衡点漂移有本质不同。后者由于 $l_{a7} = 0.0027$ 远小于 1，因此测量误差引起的平衡点漂移中，角速度测量误差占主导作用。

5.4.3 仿真分析

仿真程序如下：

```
clc;clear;close all; tf=80;dt=0.001;
 hwait=waitbar(0,'simulation start');
 m=136781.3; V=4602.5; h=33528;
 q=0; thin_oil=0.1; deta=0;
 kk=1;  alfa=0/57.3;gama=0;q=0;gamag=0+2/57.3*kk;qg=0+1/57.3*kk;
alfag=-8/57.3*1; hg=h+200*kk;
 Iyy=9.5*10^6;
 rou=0.0125;
 Cb=24.4; S=334.729;g=9.8; sev=0;sealfa=0;sq=0; j=0;jj=0;
 for i=1:tf/dt
     t=i*dt;      Va=(8.99*10^-9*h^2-9.16*10^-4*h+996)*0.3048;
     Ma=V/Va;    Qb=0.5*rou*V^2;        Cl=0.6203*alfa;
     L=Qb*S*Cl;      Ct=0.2576*thin_oil;
     if thin_oil<1
        Ct=0.0224+0.00336*thin_oil;
```

```
        end
           T=Qb*S*Ct;
          if T<0
                T=0;
          end
        Cd=0.645*alfa^2+0.0043378*alfa+0.003772;
        D=Qb*S*Cd;
        Cm_alfa=-0.035*alfa^2+0.036617*alfa+5.326*10^-6;
        Cm_deta=0.0292*(deta-alfa);
        Cm_q=Cb*q/2/V*(-6.79*alfa^2+0.3015*alfa-0.2289);
         M=Qb*S*Cb*(Cm_alfa+Cm_deta+Cm_q);
     kkk11=1;  delv=0.0*kkk11;  dalh=2*kkk11;  delgama=0.01*kkk11;
delq=0.1*kkk11;
         dV=(T*cos(alfa)-D)/m-g*sin(gama)+delv;    V=V+dV*dt;
         dh=V*sin(gama)+dalh;                          h=h+dh*dt;
         dgama=(L+T*sin(alfa))/(m*V)-g/V*cos(gama)+delgama;
gama=gama+dgama*dt;
         dq=M/Iyy+delq;
q=q+dq*dt;sq=sq+q*dt;
         dalfa=-(L+T*sin(alfa))/(m*V)+q+g/V*cos(gama)-delgama;
alfa=alfa+dalfa*dt;
           Clg=0.6203*alfag;        Lg=Qb*S*Clg;
         Cm_alfag=-0.035*alfag^2+0.036617*alfag+5.326*10^-6;
         Cm_detag=0.0292*(deta-alfag);
         Cm_qg=Cb*q/2/V*(-6.79*alfag^2+0.3015*alfag-0.2289);
         Mg=Qb*S*Cb*(Cm_alfag+Cm_detag+Cm_qg);
         delth=0;deltgama=0.0/57.3; deltq=0/57.3;
             ehba=h-delth-hg;egamaba=gama-deltgama-gamag;
eqba=q-deltq-qg;
             ehba1=h-hg;egamaba1=gama-gamag;eqba1=q-qg;
```

```
kkk=1; k11=500;k12=0;k13=0;
k21=0;k22=500;k23=0;
k31=0;k32=0;k33=800;
k41=0.0;k42=0.0625+0.0066+0;k43=1.3934+1+3.1644+0;
k43=0;
dhg=V*sin(gamag)+k11*ehba+k12*egamaba+k13*eqba;
hg=hg+dhg*dt;
dgamag=(Lg+T*sin(alfag))/(m*V)-g/V*cos(gamag)+
k21*ehba+k22*egamaba+k23*eqba;gamag=gamag+dgamag*dt;
dqg=Mg/Iyy+k31*ehba+k32*egamaba+k33*eqba;
qg=qg+dqg*dt;
dalfag=-(Lg+T*sin(alfag))/(m*V)+qg+g/V*cos(gamag)+
k41*ehba+k42*egamaba+k43*eqba; alfag=alfag+dalfag*dt;
Vd=4612;    ev=Vd-V;    sev=sev+ev*dt;    kpv=0.01;ksv=0.001;
kdv=0.001; ksv=0.01;
if ev>0
thin_oil=kpv*ev+ksv*sev+kdv*dV+ksv*ev/(abs(ev)+100);
end
if ev<0
    thin_oil=-30;
end
if thin_oil<0
    thin_oil=0;
end
alfad=4/57.3;    ealfa=(alfa-alfad)*57.3;
kp_alfa=-1.5; ks_alfa=-2;kd_alfa=-10;kq=-2;
sealfa=sealfa+ealfa*dt;
upitch=kp_alfa*ealfa+ks_alfa*sealfa+kd_alfa*dalfa+q*kq;
deta=upitch;
j=j+1;
```

```
    if j==10
    j=0;jj=jj+1;
    alfap(jj)=alfa;hpp(jj)=h;Vp(jj)=V;gamap(jj)=gama; faip(jj)= thin_oil;
tp(jj)=t;
    evp(jj)=ev; Vdp(jj)=Vd; sqp(jj)=sq;   Tp(jj)=T; Lp(jj)=L;Dp(jj)=D;
    alfagp(jj)=alfag;hgp(jj)=h;gamagp(jj)=gamag;qgp(jj)=qg;
    ehbap(jj)=ehba1;egamabap(jj)=egamaba1;eqbap(jj)=eqba1;
ealfabap(jj)=alfa-alfag;
    waitbar(t/tf,hwait,'figures is coming')
        end
    end
    close(hwait);figure(1);
    plot(tp,alfap*57.3,'k','LineWidth',2);
    xlabel('fig.1        t/s');ylabel('\alpha/deg');hold on;
    figure(2);plot(tp,hpp,'k','LineWidth',2)
    xlabel('fig.2        t/s');ylabel('h/m');hold on;
    figure(3);plot(tp,Vp,tp,Vdp,'k','LineWidth',2)
    xlabel('fig.3        t/s');ylabel('V/(m/s)');hold on;
    figure(4);plot(tp,gamap*57.3,'k','LineWidth',2)
    xlabel('fig.4        t/s');ylabel('\gamma/deg');hold on;
    figure(5);plot(tp,faip,'k','LineWidth',2);
    xlabel('fig.5        t/s');ylabel('\phi');hold on;
    figure(6);plot(tp,Tp,'k','LineWidth',2);
    xlabel('fig.6        t/s');ylabel('T/N');hold on;
    figure(7);plot(tp,Dp,'k','LineWidth',2);
    xlabel('fig.7        t/s');ylabel('D/N');hold on;
    figure(11);plot(tp,evp,'k','LineWidth',2)
    xlabel('fig.11        t/s');ylabel('e_v/m/s');hold on;
    figure(14);plot(tp,sqp*57.3,'k','LineWidth',2)
    xlabel('fig.14        t/s');ylabel('\nu/deg');hold on;
```

```
figure(15);plot(tp,Tp,'k','LineWidth',2);
xlabel('fig.15        t/s');ylabel('T/N');hold on;
figure(16);plot(tp,Lp,'k','LineWidth',2);
xlabel('fig.16        t/s');ylabel('L/N');hold on;
figure(17);plot(tp,Dp,'k','LineWidth',2);
xlabel('fig.17        t/s');ylabel('D/N');hold on;
figure(18);plot(tp,sqp*57.3,'k','LineWidth',2)
xlabel('fig.18        t/s');ylabel('Sq/N');hold on;
figure(19);plot(tp,alfagp*57.3,'k','LineWidth',2);
xlabel('fig.19        t/s');ylabel('alfag');hold on;
figure(20);plot(tp,ehbap,'k','LineWidth',2);
xlabel('fig.20        t/s');ylabel('ehba');hold on;
figure(21);plot(tp,egamabap*57.3,'k','LineWidth',2);
xlabel('fig.21        t/s');ylabel('egamaba');hold on;
figure(22);plot(tp,eqbap*57.3,'k','LineWidth',2);
xlabel('fig.22        t/s');ylabel('eqba');hold on;
figure(23);plot(tp,ealfabap*57.3,'k','LineWidth',2)
xlabel('fig.23        t/s');ylabel('ealfaba');hold on;
```

仿真结果如图 5-67 ~ 图 5-70 所示。

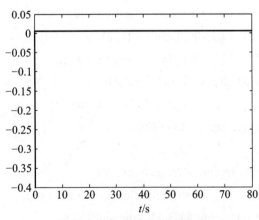

图 5-67　高度观测误差曲线

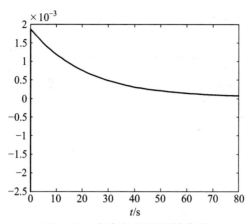

图 5-68　姿态角观测误差曲线

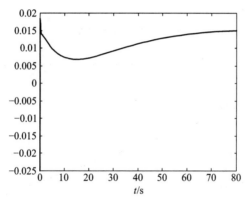

图 5-69　姿态角速率观测误差曲线

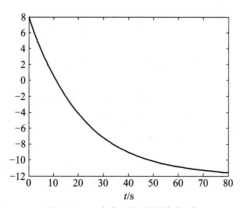

图 5-70　攻角观测误差曲线

其中，高度观测误差曲线放大如图 5-71～图 5-72 所示。

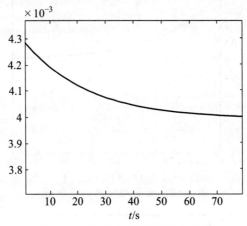

图 5-71　高度观测误差放大曲线

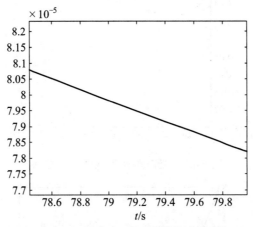

图 5-72　姿态角观测误差放大曲线

显然高度观测误差满足 $\tilde{h} \to \Delta_h / k_{11} = 2/500 = 0.004$ 的估计。

从姿态角观测误差曲线末段放大可知，在数量级上不满足 $\tilde{\gamma} \to \Delta_\gamma / k_{22} = 0.01/500 \times 57.3 = 110 \times 10^{-5}$ 的估计。

从姿态角速率观测误差曲线末段放大（见图 5-73）可知，在数量级上不满足 $\tilde{q} \to \Delta_q / k_{33} = 0.1/800 \times 57.3 = 0.007\,2$ 的估计。

从攻角观测误差曲线末段放大（见图 5-74）可知，在数量级上不满足

$$\tilde{\alpha} \to \frac{-k_{41}\Delta_h / k_{11} - (k_{42} + l_{a7})\Delta_\gamma / k_{22} - (k_{43} - 1)\Delta_q / k_{33} - \Delta_\gamma}{(l_{a1} + l_{a6})}$$

$$\approx -\frac{0.01}{0.062\ 5} \times 57.3 \approx -9.16$$

的估计。

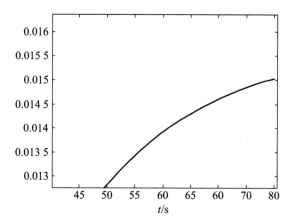

图 5-73　姿态角速率观测误差放大曲线

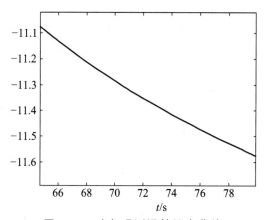

图 5-74　攻角观测误差放大曲线

　　上述姿态角速率以及姿态角的观测误差与仿真结果不符合的原因是干扰太小，估计值与实际值均接近于 0，同时仿真时间太短，状态还没有完全收敛。另外，即使没有常值干扰存在，观测器误差也并不完全趋近于 0。

136

因此攻角观测受常值扰动的影响非常大，主要是由于其不具备大增益反馈的抗干扰能力。

为了不影响跟踪控制的稳定性，下面将干扰加在观测器系统，同时将常值干扰增大，选取参数如下：

kkk11=-1; delv=0.0*kkk11; dalh=2*kkk11; delgama=0.000*500/57.3*kkk11; delq=0.2*800/57.3*kkk11;

仿真结果如图 5-75 ~ 图 5-76 所示。

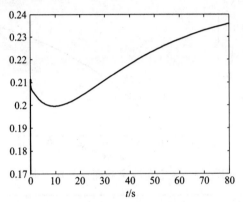

图 5-75　姿态角速率观测误差放大曲线

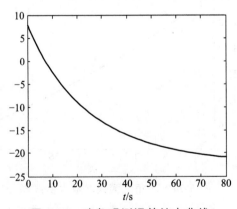

图 5-76　攻角观测误差放大曲线

可见单独的角速率观测误差与干扰的情况基本匹配，但攻角观测误差是角速率观测误差的 100 倍左右。这主要是因为如果不考虑其他误差的情况：

$$\tilde{\alpha} \to \frac{-(k_{43}-1)\Delta_q / k_{33}}{(l_{a1}+l_{a6})}$$

$$\approx -\frac{-5 \times \Delta_q}{0.062\ 5 \times 800} \times 57.3 \approx -5.73\Delta_q$$

此时

$$\Delta_q = 0.2 \times 800/57.3 = 0.2 \times 14$$

因此从总的估算来看，攻角观测方程对干扰的敏感程度是角速度微分方程的 100 倍左右，同时是姿态角微分方程的 10 000 倍左右。

选取

kkk11=-1; delv=0.0*kkk11; dalh=2*kkk11; delgama=0.000*500/57.3*kkk11; delq=0.02*800/57.3*kkk11;

结果如图 5-77 所示。

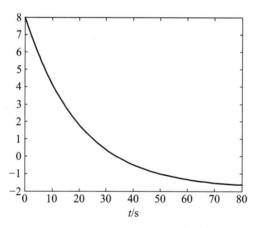

图 5-77　攻角观测误差放大曲线

可以看出，常值干扰对自身的影响很小，但对攻角观测具有很大的放大作用。而且高度、姿态角、姿态角速率微分方程都会急剧地影响攻角观测误差的平衡点。

选取

kkk11=-1; delv=0.0*kkk11; dalh=2*kkk11; delgama=0.005*500/57.3*kkk11; delq=0.01*800/57.3*kkk11;

结果如图 5-78 ~ 图 5-81 所示。

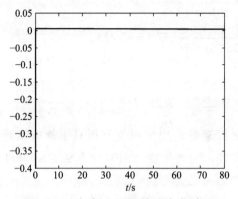

图 5-78　高度观测误差放大曲线图

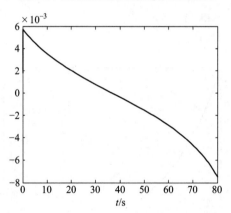

图 5-79　弹道倾角观测误差放大曲线

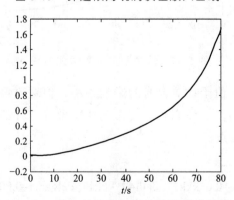

图 5-80　姿态角速率观测误差放大曲线图

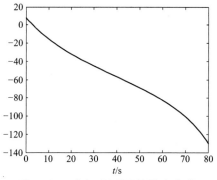

图 5-81　攻角观测误差放大曲线

此时系统发散，我们分析由姿态角微分方程干扰引起的攻角发散倍数如下：

$$\tilde{\alpha} \to \frac{-k_{41}\Delta_h / k_{11} - (k_{42}+l_{a7})\Delta_\gamma / k_{22} - (k_{43}-1)\Delta_q / k_{33} - \Delta_\gamma}{(l_{a1}+l_{a6})} \approx -\frac{\Delta_\gamma}{0.062\,5} \times 57.3$$

Δ_γ 引起的自身的姿态角误差为

$$\tilde{\gamma} \to \frac{\Delta_\gamma}{k_{22}} \times 57.3$$

两者相差 $k_{22} / 0.062\,5 \approx 10\,000$ 倍。

选取程序中控制参数进行如下仿真。

kkk11=-1;delv=0.0*kkk11; dalh=2*kkk11; delgama=0.0005*500/57.3*kkk11; delq=0.00*800/57.3*kkk11;

最终仿真结果如图 5-82 所示。

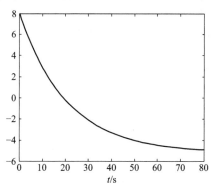

图 5-82　攻角观测误差放大曲线

最终大约稳定在 5°，与计算完全吻合。

选取程序中参数如下所示：

kkk11=-1; delv=0.0*kkk11; dalh=2*kkk11; delgama=0.0005*500/57.3*kkk11;

delq=0.02*800/57.3*kkk11;

仿真结果如图 5-83 ~ 图 5-85 所示。

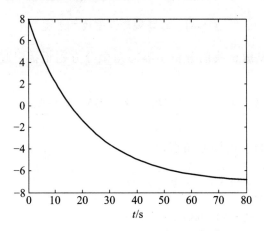

图 5-83　攻角观测误差放大曲线

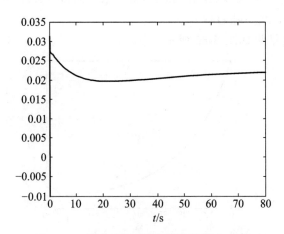

图 5-84　姿态角速率观测误差放大曲线

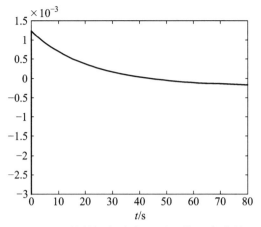

图 5-85　弹道倾角速率观测误差放大曲线

仿真结果与计算完全吻合一致。因此得到如下分析结果：由于姿态角加速度微分方程产生的干扰能够被大增益进行限制，但姿态角度微分方程产生的干扰不仅干扰了姿态角，同时直接干扰了攻角，这一部分直接干扰是系统难以稳定的根源。

5.5　存在气动参数不确定的观测器误差与增益稳定裕度分析

5.5.1　气动参数不确定模型的建立

假设高超声速模型同时存在常值干扰与气动参数不确定性，则对高超声速飞行器俯仰通道的非线性模型进行如下修正：

$$\dot{V} = \frac{(T\cos\alpha - D)}{m} - g\sin\gamma + \Delta_v$$

$$\dot{h} = V\sin\gamma + \Delta_h$$

$$\dot{\gamma} = \frac{1}{mV}(L + T\sin\alpha) - \frac{1}{V}g\cos\gamma + \Delta_\gamma$$

$$\dot{q} = \frac{M_y(\alpha)}{I_{yy}} + \Delta_q$$

$$\dot{\alpha} = q - \dot{\gamma} - \Delta_\gamma$$

其中， Δ_v 、 Δ_h 、 Δ_γ 、 Δ_q 为有界常量。

建立观测器系统：

$$\dot{\hat{h}} = V \sin \hat{\gamma} + k_{11}\tilde{h} + k_{12}\tilde{\gamma} + k_{13}\tilde{q}$$

$$\dot{\hat{\gamma}} = \frac{1}{mV}(\hat{L} + T \sin \hat{\alpha}) - \frac{1}{V}g\cos\hat{\gamma} + k_{21}\tilde{h} + k_{22}\tilde{\gamma} + k_{23}\tilde{q}$$

$$\dot{\hat{q}} = \frac{\hat{M}_y(\hat{\alpha})}{I_{yy}} + k_{31}\tilde{h} + k_{32}\tilde{\gamma} + k_{33}\tilde{q}$$

$$\dot{\hat{\alpha}} = \hat{q} - \dot{\hat{\gamma}} + k_{41}\tilde{h} + k_{42}\tilde{\gamma} + k_{43}\tilde{q}$$

其中，

$$\hat{L} = \overline{q}SC_L = 0.620\ 3\overline{q}S\hat{\alpha}$$

$$\hat{M}_y(\hat{\alpha}) = \overline{q}S\overline{c}[\hat{C}_{M\alpha} + \hat{C}_{M\delta} + \hat{C}_{Mq}]$$

$$\hat{C}_{M\alpha} = -0.035\hat{\alpha}^2 + 0.036\ 617\hat{\alpha} + 5.326 \times 10^{-6}$$

$$\hat{C}_{Mq} = \frac{\overline{c}q}{2V}(-6.79\hat{\alpha}^2 + 0.301\ 5\hat{\alpha} - 0.228\ 9)$$

$$\hat{C}_{M\delta} = 0.029\ 2(\delta - \hat{\alpha})$$

考虑气动参数的不确定性因子 d ，真实的气动力与力矩的计算如下：

$$L = \overline{q}SC_L(1+d) = (1+d)0.620\ 3\overline{q}S\alpha$$

$$M_y(\alpha) = \overline{q}S\overline{c}[C_{M\alpha} + C_{M\delta} + C_{Mq}]$$

$$C_{M\alpha} = [-0.035\alpha^2 + 0.036\ 617\alpha + 5.326 \times 10^{-6}](1+d)$$

$$C_{Mq} = \frac{\overline{c}q}{2V}(-6.79\alpha^2 + 0.301\ 5\alpha - 0.228\ 9)(1+d)$$

$$C_{M\delta} = 0.029\ 2(\delta - \alpha)(1+d)$$

定义观测误差变量为 $\tilde{h} = h - \hat{h}$ 、 $\tilde{\gamma} = \gamma - \hat{\gamma}$ 、 $\tilde{q} = q - \hat{q}$ 、 $\tilde{\alpha} = \alpha - \hat{\alpha}$ ，则有

$$\dot{\tilde{h}} = -k_{11}\tilde{h} - k_{12}\tilde{\gamma} - k_{13}\tilde{q} + \Delta f_1 + \Delta_h, \qquad |\Delta f_1| \leqslant V|\tilde{\gamma}|$$

$$\dot{\tilde{\gamma}} = -k_{21}\tilde{h} + (l_{a7} - k_{22})\tilde{\gamma} - k_{23}\tilde{q} + (l_{a1} + l_{a6})\tilde{\alpha} + \Delta_\gamma + \Delta_{\gamma 1}$$

$$\dot{\tilde{q}} = -k_{31}\tilde{h} - k_{32}\tilde{\gamma} + (l_{b2} - k_{33})\tilde{q} + (l_{a4} + l_{b1})\tilde{\alpha} + l_{b3}\tilde{q}\tilde{\alpha} +$$
$$\quad l_{b4}\tilde{\alpha}^2 + l_{b5}\tilde{q}\tilde{\alpha}^2 + \Delta_q + \Delta_{q1}$$

$$\dot{\tilde{\alpha}} = -k_{41}\tilde{h} - (k_{42} + l_{a7})\tilde{\gamma} - (k_{43} - 1)\tilde{q} - (l_{a1} + l_{a6})\tilde{\alpha} - \Delta_\gamma - \Delta_{\gamma 1}$$

其中

$$\Delta_{\gamma 1} = \frac{0.620\ 3\overline{q}Sd\alpha}{mV}$$

考虑 $l_{a1} = \frac{0.620\ 3}{mV}\overline{q}S$，则有 $\Delta_{\gamma 1} = l_{a1}d\alpha$。

考虑取 $d = 0.01$，且 $|\alpha| < \alpha_m = 10/57.3 = 0.174\ 5$，则有

$$\Delta_{\gamma 1} = l_{a1}d\alpha \leqslant 0.062\ 5 \times 0.01 \times 0.174\ 5 = 1.09 \times 10^{-4}$$

$$\Delta_{q1} = \frac{\overline{q}Sc}{I_{yy}}d[(-0.035\alpha^2 + 0.036\ 617\alpha + 5.326 \times 10^{-6}) +$$

$$\frac{\overline{c}q}{2V}(-6.79\alpha^2 + 0.301\ 5\alpha - 0.228\ 9) + 0.029\ 2(\delta - \alpha)]$$

考虑

$$\frac{\overline{q}Sc}{I_{yy}} = 24.384 \times 334.729 \times 0.5 \times 0.012\ 5 \times 4\ 602^2/(9.488\ 2 \times 10^6) = 113.86$$

$$\frac{\overline{c}}{2V} = 80 \times 0.304\ 8/4\ 602 = 0.005\ 3$$

如果选取 $d = 0.01$，且 $|\alpha| < \alpha_m = 10/57.3 = 0.174\ 5$，$|q| < q_m = 30/57.3 = 0.523\ 6$，$\delta < 30/57.3$

则有

$$\Delta_{q1} \leqslant 1.138\ 6[(-0.035 \times 0.174\ 5^2 + 0.036\ 617 \times 0.174\ 5 + 5.326 \times 10^{-6}) +$$

$$0.005\ 3(-6.79 \times 0.174\ 5^2 + 0.301\ 5 \times 0.174\ 5 - 0.228\ 9) +$$

$$0.029\ 2(30/57.3 + 0.174\ 5)]$$

$$= 1.138\ 6[-11 \times 10^{-4} + 64 \times 10^{-4} + 0.053 \times 10^{-4} +$$

$$0.005\ 3(-0.206\ 8 + 0.052\ 6 + 0.228\ 9) +$$

$$0.029\ 2 \times (0.523\ 5 + 0.174\ 5)]$$

$$= 1.138\ 6[-11 \times 10^{-4} + 64 \times 10^{-4} + 0.053 \times 10^{-4} +$$

$$0.005\ 3(-0.206\ 8 + 0.052\ 6 - 0.228\ 9) + 0.029\ 2 \times (0.7)]$$

$$= 1.138\ 6[-11 \times 10^{-4} + 64 \times 10^{-4} + 0.053 \times 10^{-4} - 11 \times 10^{-4} +$$

$$2.787\ 8 \times 10^{-4} - 12 \times 10^{-4}) + 0.020\ 4]$$

$$= 1.138\ 6 \times 10^{-4}[-11 + 64 + 0.053 - 11 + 2.787\ 8 - 12) + 204]$$

$$\approx 1.138\ 6 \times 10^{-4} \times 237 = 0.027$$

144

考虑平衡点漂移遵循如下公式：

$$\tilde{\alpha} \to \frac{-k_{41}\Delta_{h1}/k_{11}-(k_{42}+l_{a7})\Delta_{\gamma1}/k_{22}-(k_{43}-1)\Delta_{q1}/k_{33}-\Delta_{\gamma1}}{(l_{a1}+l_{a6})}$$

此时因为 $\Delta_{\gamma1}\leqslant1.09\times10^{-4}$ 产生的攻角观测误差平衡点漂移可以估算为

$$\tilde{\alpha} \to \frac{-1.09\times10^{-4}}{0.062\ 5}\times57.3=-0.1，单位为度（°）。$$

而因为 Δ_{q1} 产生的攻角观测误差平衡点漂移可以估算为

$$\tilde{\alpha} \to \frac{-3.56\times0.027/800}{0.062\ 5}\times57.3=-0.11$$

当然如果此时 $k_{33}=16$ ，则

$$\tilde{\alpha} \to \frac{-3.56\times0.027/800}{0.062\ 5}\times57.3=-5.5$$

通过以上分析，不难得出以下结论。

结论 5.15：当气动参数不确定取 $d=0.01$ 时，攻角的观测误差漂移在大增益观测情况下，为 10 倍的不确定性。同时，当 $d=0.2$ 时，攻角观测误差漂移大约在 2°以内。

结论 5.16：当 k_{33} 取小增益时，无法消除因气动参数不确定引起的攻角观测误差平衡点漂移效应。

结论 5.17：气动参数摄动对观测器中攻角观测效果影响最大的是舵偏的舵效系数以及舵偏值。

5.5.2　仿真分析

```
clc;clear;close all; tf=80;dt=0.001;
 hwait=waitbar(0,'simulation start');
 m=136781.3; V=4602.5; h=33528;
 q=0; thin_oil=0.1; deta=0;
 kk=1;  alfa=0/57.3;gama=0;q=0;gamag=0+2/57.3*kk;qg=0+1/57.3*kk;
alfag=-8/57.3*1; hg=h+200*kk;
```

```
Iyy=9.5*10^6;
rou=0.0125;
Cb=24.4; S=334.729;g=9.8; sev=0;sealfa=0;sq=0; j=0;jj=0;
for i=1:tf/dt
        t=i*dt;        Va=(8.99*10^-9*h^2-9.16*10^-4*h+996)*0.3048;
        Ma=V/Va;      Qb=0.5*rou*V^2;          Cl=0.6203*alfa;
        qdsd=-0.5;
        L=Qb*S*Cl*(1+qdsd);        Ct=0.2576*thin_oil;
        if thin_oil<1
          Ct=0.0224+0.00336*thin_oil;
        end
          T=Qb*S*Ct;
          if T<0
                 T=0;
           end
          Cd=0.645*alfa^2+0.0043378*alfa+0.003772;
          D=Qb*S*Cd;
          Cm_alfa=-0.035*alfa^2+0.036617*alfa+5.326*10^-6;
          Cm_deta=0.0292*(deta-alfa);
          Cm_q=Cb*q/2/V*(-6.79*alfa^2+0.3015*alfa-0.2289);
          M=Qb*S*Cb*(Cm_alfa+Cm_deta+Cm_q)*(1+qdsd);
          kkk11=0; delv=0.0*kkk11; dalh=2*kkk11; delgama=0.01*kkk11;
delq=0.1*kkk11;
        dV=(T*cos(alfa)-D)/m-g*sin(gama)+delv;   V=V+dV*dt;
        dh=V*sin(gama)+dalh;                       h=h+dh*dt;
        dgama=(L+T*sin(alfa))/(m*V)-g/V*cos(gama)+delgama;
gama=gama+dgama*dt;
        dq=M/Iyy+delq;
q=q+dq*dt;sq=sq+q*dt;
        dalfa=-(L+T*sin(alfa))/(m*V)+q+g/V*cos(gama)-delgama;
```

```
alfa=alfa+dalfa*dt;
        Clg=0.6203*alfag;        Lg=Qb*S*Clg;
        Cm_alfag=-0.035*alfag^2+0.036617*alfag+5.326*10^-6;
        Cm_detag=0.0292*(deta-alfag);
        Cm_qg=Cb*q/2/V*(-6.79*alfag^2+0.3015*alfag-0.2289);
        Mg=Qb*S*Cb*(Cm_alfag+Cm_detag+Cm_qg);
        delth=0;deltgama=0.0/57.3; deltq=0/57.3;
                ehba=h-delth-hg;egamaba=gama-deltgama-gamag;
eqba=q-deltq-qg;
                ehba1=h-hg;egamaba1=gama-gamag;eqba1=q-qg;
                kkk=1; k11=500;k12=0;k13=0;
                k21=0;k22=500;k23=0;
                k31=0;k32=0;k33=800;

k41=0.0;k42=0.0625+0.0066+0;k43=1.3934+1+3.1644+0;
                kkk11=0;        delv=0.0*kkk11;        dalh=2*kkk11;
delgama=0.0005*500/57.3*kkk11;delq=0.02*800/57.3*kkk11;
                dhg=V*sin(gamag)+k11*ehba+k12*egamaba+k13*eqba+dalh;
hg=hg+dhg*dt;
        dgamag=(Lg+T*sin(alfag))/(m*V)-g/V*cos(gamag)+
k21*ehba+k22*egamaba+k23*eqba+delgama;gamag=gamag+dgamag*dt;
        dqg=Mg/Iyy+k31*ehba+k32*egamaba+k33*eqba+delq;
qg=qg+dqg*dt;
        dalfag=-(Lg+T*sin(alfag))/(m*V)+qg+g/V*cos(gamag)+
k41*ehba+k42*egamaba+k43*eqba-delgama; alfag=alfag+dalfag*dt;
        Vd=4612;        ev=Vd-V;        sev=sev+ev*dt;        kpv=0.01;ksv=0.001;
kdv=0.001; ksv=0.01;
        if ev>0
        thin_oil=kpv*ev+ksv*sev+kdv*dV+ksv*ev/(abs(ev)+100);
        end
```

```
    if ev<0
        thin_oil=-30;
    end
    if thin_oil<0
         thin_oil=0;
    end
    alfad=4/57.3;      ealfa=(alfa-alfad)*57.3;
    kp_alfa=-1.5; ks_alfa=-2;kd_alfa=-10;kq=-2;
    sealfa=sealfa+ealfa*dt;
    upitch=kp_alfa*ealfa+ks_alfa*sealfa+kd_alfa*dalfa+q*kq;
    deta=upitch;
    if abs(upitch)>30/57.3
    deta=30/57.3*sign(upitch);
    end
    j=j+1;
    if j==10
    j=0;jj=jj+1;
    alfap(jj)=alfa;hpp(jj)=h;Vp(jj)=V;gamap(jj)=gama; faip(jj)= thin_oil;
tp(jj)=t;
    evp(jj)=ev; Vdp(jj)=Vd; sqp(jj)=sq;   Tp(jj)=T; Lp(jj)=L;Dp(jj)=D;
    alfagp(jj)=alfag;hgp(jj)=h;gamagp(jj)=gamag;qgp(jj)=qg;
    ehbap(jj)=ehba1;egamabap(jj)=egamaba1;eqbap(jj)=eqba1;
ealfabap(jj)=alfa-alfag; detap(jj)=deta;
    waitbar(t/tf,hwait,'figures is coming')
    end
    end
    close(hwait);figure(1);
    plot(tp,alfap*57.3,'k','LineWidth',2);
    xlabel('fig.1            t/s');ylabel('\alpha/deg');hold on;
    figure(2);plot(tp,hpp,'k','LineWidth',2)
```

```
xlabel('fig.2          t/s');ylabel('h/m');hold on;
figure(3);plot(tp,Vp,tp,Vdp,'k','LineWidth',2)
xlabel('fig.3          t/s');ylabel('V/(m/s)');hold on;
figure(4);plot(tp,gamap*57.3,'k','LineWidth',2)
xlabel('fig.4          t/s');ylabel('\gamma/deg');hold on;
figure(5);plot(tp,faip,'k','LineWidth',2);
xlabel('fig.5          t/s');ylabel('\phi');hold on;
figure(6);plot(tp,Tp,'k','LineWidth',2);
xlabel('fig.6          t/s');ylabel('T/N');hold on;
figure(7);plot(tp,Dp,'k','LineWidth',2);
xlabel('fig.7          t/s');ylabel('D/N');hold on;
figure(11);plot(tp,evp,'k','LineWidth',2)
xlabel('fig.11          t/s');ylabel('e_v/m/s');hold on;
figure(14);plot(tp,sqp*57.3,'k','LineWidth',2)
xlabel('fig.14          t/s');ylabel('\nu/deg');hold on;
figure(15);plot(tp,Tp,'k','LineWidth',2);
xlabel('fig.15          t/s');ylabel('T/N');hold on;
figure(16);plot(tp,Lp,'k','LineWidth',2);
xlabel('fig.16          t/s');ylabel('L/N');hold on;
figure(17);plot(tp,Dp,'k','LineWidth',2);
xlabel('fig.17          t/s');ylabel('D/N');hold on;
figure(18);plot(tp,sqp*57.3,'k','LineWidth',2)
xlabel('fig.18          t/s');ylabel('Sq/N');hold on;
figure(19);plot(tp,alfagp*57.3,'k','LineWidth',2);
xlabel('fig.19          t/s');ylabel('alfag');hold on;
figure(20);plot(tp,ehbap,'k','LineWidth',2);
xlabel('fig.20          t/s');ylabel('ehba');hold on;
figure(21);plot(tp,egamabap*57.3,'k','LineWidth',2);
xlabel('fig.21          t/s');ylabel('egamaba');hold on;
figure(22);plot(tp,eqbap*57.3,'k','LineWidth',2);
```

xlabel('fig.22   t/s');ylabel('eqba');hold on;

figure(23);plot(tp,ealfabap*57.3,'k','LineWidth',2)

xlabel('fig.23   t/s');ylabel('ealfaba');hold on;

figure(24);plot(tp,detap*57.3,'k','LineWidth',2)

xlabel('fig.24   t/s');ylabel('deta');hold on;

选取气动参数摄动为+100%，则因 $\Delta_{\gamma 1}$ 引起的攻角漂移估计应当在 $-2.5°$。仿真结果如图 5-86 ~ 图 5-87 所示。

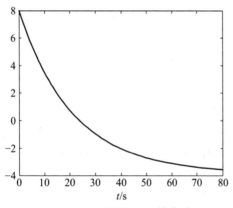

图 5-86　攻角观测误差曲线

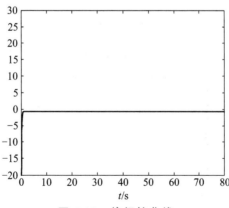

图 5-87　俯仰舵曲线

攻角观测误差漂移为 3.5°。选取 $k_{33}=16$，此时仿真结果如图 5-88 ~ 图 5-89 所示。

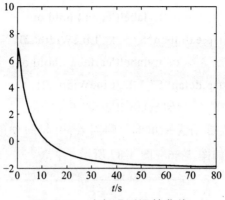

图 5-88　攻角观测误差曲线

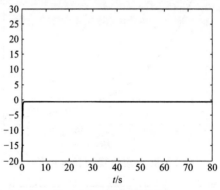

图 5-89　俯仰舵曲线

选取 $k_{33}=4$ ，此时仿真结果如图 5-90 ~ 图 5-91 所示。

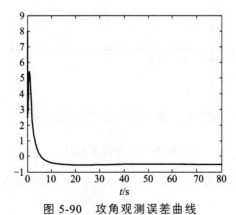

图 5-90　攻角观测误差曲线

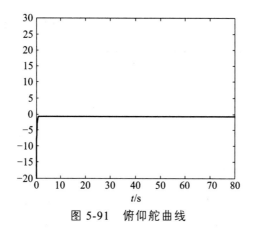

图 5-91　俯仰舵曲线

选取 $d = 2$，仿真结果如图 5-92 ~ 图 5-93 所示。

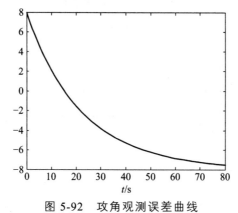

图 5-92　攻角观测误差曲线

图 5-93　俯仰舵曲线

攻角观测误差为 7°。选取 $d = -0.5$，仿真结果如图 5-94 ~ 图 5-95 所示。

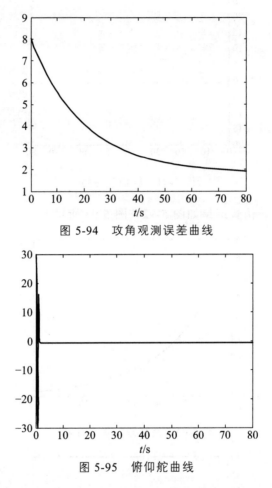

图 5-94　攻角观测误差曲线

图 5-95　俯仰舵曲线

结论 5.18：参数摄动对攻角观测误差漂移影响较小。摄动 50%时攻角观测误差约为 2°。同时气动参数摄动对其他状态观测误差漂移影响更小。

5.6　小　结

本章主要分析了存在测量误差、常值干扰以及参数不确定 3 种情况下的高超声速飞行器攻角观测器设计问题。其中，测量误差分析又分为对平衡点的漂移影响、稳定裕度的影响两大类。平衡点的漂移影响再细分为高度、姿态角速率、姿态角、攻角误差平衡点漂移 4 大类进行详细分析。在平衡点漂移稳定讨论的基础上，再进行稳定裕度的定量计算分析，尤其是进行了深入分析铰链项对系统稳定裕度的影响。最后，综合考虑了常值干扰、气动参数不确定性对系统稳定裕度影响，并对测量误差、常值干扰以及气动参数不确定性在稳定裕度的影响方面进行了对比分析。

第 6 章
总结与展望

    本书针对复杂的高超声速飞行器非线性模型,研究了其状态观测器设计与稳定裕度定量计算与分析这一典型而又复杂的问题。线性系统的观测器设计问题在控制理论的发展过程中占据较为重要的地位,而且也取得了较为完整的体系化结果。但非线性系统的状态观测问题,尤其是高超声速飞行器的状态观测问题,无疑不仅具有很高的理论挑战难度,而且也是工程设计中比较关心而期待解决的重要问题。非线性与不确定性对观测器系统的稳定裕度影响的定量分析问题,也一直是控制理论发展中面临的难点问题。

    本书首先从二阶系统、三阶线性系统的观测器设计以及经典的状态反馈与积分控制对系统稳定裕度的影响进行分析,尤其设计针对系统不确定性对稳定裕度影响的定量计算方法,为后续非线性高超声速飞行器的观测器设计与稳定裕度分析打下基础。然后针对高超声速飞行器这种复杂被控对象,选取俯仰通道非线性模型进行攻角观测问题的设计与稳定裕度定量计算与分析,尤其进行了详细的数字仿真研究,从数字仿真中印证相关理论研究结果,从而使得采用矩阵与线性化结合,分析矩阵对角元素与铰链元素对系统稳定裕度影响的方法与手段初见雏形。再针对是否需要高度、俯仰角速度、弹道倾角全部状态测量构建观测器的问题进行了进一步分析,分析结果也表明了攻角观测并不需要全部信息,尤其是经过多次积分得到的高度信号与角度信息直接的关系较远,完全可以不在观测器中采用。同时,研究也表明了观测器的存在性问题,即满足什么条件能够构造并保证攻角观测器问题。结果表明，攻角观测器的存在性和高超声速飞行器本身的物体模型参数有较大关系。在此基础之上，存在测量误差的情况下，对高超声速飞行器的状态观测问题进行了深入研究，该问题首先是引起的平衡点漂移问题，从而也会引起非线性项的摄动使得系统稳定裕度发生变化。同时也分析了常值干扰与飞行器气动参数的不确定性对整个观测器系统的稳定裕度的影响。

总的来说，针对高超声速飞行器的观测与控制中的非线性对系统稳定裕度的定量分析计算带来的困难，主要采用线性化矩阵分解，然后逐步分析对角元素与铰链元素对系统的总体稳定裕度的影响，通过矩阵中元素对矩阵稳定裕度影响的统一定量计算公式，给出非线性与不确定性等对系统稳定裕度的整体结论。总体上看，上述方法首先存在在多参数与多非线性的影响下整个计算过程特别复杂的问题，同时也导致了稳定裕度定量计算的统一公式在某些复杂情况下并不唯一，或者不一定是最合理的情况，有时需要作出临时的调整。这些问题有待于下一步的研究中，进一步深入分析与解决。

附录 1
高超声速飞行器观测器设计程序 I

```
clc;clear;close all;
    tf=10;dt=0.001;
    hwait=waitbar(0,'simulation start');
    m=136781.3;
    V=4602.5;
    h=33528; hg=h+200;
    q=0; thin_oil=0.1; deta=0;
    alfa=0/57.3;gama=0;q=0;gamag=0+2/57.3;qg=0+2/57.3;
alfag=-0.1/57.3;
    Iyy=9.5*10^6;
    rou=0.0125;
    Cb=24.4;
    S=334.729;g=9.8;
    sev=0;sealfa=0;sq=0;
    j=0;jj=0;
    for i=1:tf/dt
        t=i*dt;
        Va=(8.99*10^-9*h^2-9.16*10^-4*h+996)*0.3048;
        Ma=V/Va;
        Qb=0.5*rou*V^2;
```

```
Cl=0.6203*alfa;
 L=Qb*S*Cl;
 Ct=0.2576*thin_oil;
 if thin_oil<1
    Ct=0.0224+0.00336*thin_oil;
 end
     T=Qb*S*Ct;
    if T<0
          T=0;
    end
    Cd=0.645*alfa^2+0.0043378*alfa+0.003772;
    D=Qb*S*Cd;
    Cm_alfa=-0.035*alfa^2+0.036617*alfa+5.326*10^-6;
    Cm_deta=0.0292*(deta-alfa);
    Cm_q=Cb*q/2/V*(-6.79*alfa^2+0.3015*alfa-0.2289);
    M=Qb*S*Cb*(Cm_alfa+Cm_deta+Cm_q);
    dV=(T*cos(alfa)-D)/m-g*sin(gama);   V=V+dV*dt;
    dh=V*sin(gama);                     h=h+dh*dt;
    dgama=(L+T*sin(alfa))/(m*V)-g/V*cos(gama);
gama=gama+dgama*dt;
    dq=M/Iyy;
q=q+dq*dt;sq=sq+q*dt;
    dalfa=-(L+T*sin(alfa))/(m*V)+q+g/V*cos(gama);
alfa=alfa+dalfa*dt;

    Clg=0.6203*alfag;
    Lg=Qb*S*Clg;
    Cm_alfag=-0.035*alfag^2+0.036617*alfag+5.326*10^-6;
    Cm_detag=0.0292*(deta-alfag);
    Cm_qg=Cb*q/2/V*(-6.79*alfag^2+0.3015*alfag-0.2289);
```

```
        Mg=Qb*S*Cb*(Cm_alfag+Cm_detag+Cm_qg);
            ehba=h-hg;egamaba=gama-gamag;eqba=q-qg;
            k11=0.12;k12=0;k13=0;
            k21=0;k22=0.12;k23=0;
            k31=0;k32=0;k33=0.12;
            k41=0;k42=0.0625+0.0066;k43=1.3934+1+3.1644;
             kkk=2.2;
            k11=kkk;k12=0;k13=0;
            k21=0;k22=kkk;k23=0;
            k31=0;k32=0;k33=kkk;
            k41=0;k42=0.0625+0.0066;k43=1.3934+1+3.1644;


        dhg=V*sin(gamag)+k11*ehba+k12*egamaba+k13*eqba;
hg=hg+dhg*dt;
        dgamag=(Lg+T*sin(alfag))/(m*V)-g/V*cos(gamag)+
k21*ehba+k22*egamaba+k23*eqba;gamag=gamag+dgamag*dt;
        dqg=Mg/Iyy+k31*ehba+k32*egamaba+k33*eqba;
qg=qg+dqg*dt;

dalfag=-(Lg+T*sin(alfag))/(m*V)+qg+g/V*cos(gamag)+k41*ehba+k42*ega
maba+k43*eqba; alfag=alfag+dalfag*dt;
         Vd=4612;
        ev=Vd-V;
        sev=sev+ev*dt;
        kpv=0.01;ksv=0.001;kdv=0.001; ksv=0.01;
        if ev>0
        thin_oil=kpv*ev+ksv*sev+kdv*dV+ksv*ev/(abs(ev)+100);
        end
        if ev<0
            thin_oil=-30;
```

```
        end
        if thin_oil<0
              thin_oil=0;
        end
        alfad=4/57.3;
        ealfa=(alfa-alfad)*57.3;
        kp_alfa=-1.5; ks_alfa=-2;kd_alfa=-10;kq=-2;
        sealfa=sealfa+ealfa*dt;
        upitch=kp_alfa*ealfa+ks_alfa*sealfa+kd_alfa*dalfa+q*kq;
        deta=upitch;
        j=j+1;
        if j==10
        j=0;jj=jj+1;
        alfap(jj)=alfa;hpp(jj)=h;Vp(jj)=V;gamap(jj)=gama; faip(jj)= thin_oil;
tp(jj)=t;
        evp(jj)=ev; Vdp(jj)=Vd; sqp(jj)=sq;    Tp(jj)=T; Lp(jj)=L;Dp(jj)=D;
        alfagp(jj)=alfag;hgp(jj)=h;gamagp(jj)=gamag;qgp(jj)=qg;qp(jj)=q;
        ehbap(jj)=ehba;egamabap(jj)=egamaba;eqbap(jj)=eqba;
ealfabap(jj)=alfa-alfag;

        waitbar(t/tf,hwait,'figures is coming')
          end
        end
        close(hwait);
      figure(1)
      plot(tp,alfap*57.3,'k','LineWidth',2)
      xlabel('fig.1          t/s')
      ylabel('\alpha/deg')
      hold on;
      figure(2)
```

```
plot(tp,hpp,'k','LineWidth',2)
xlabel('fig.2          t/s')
ylabel('h/m')
hold on;
figure(3)
plot(tp,Vp,tp,Vdp,'k','LineWidth',2)
xlabel('fig.3          t/s')
ylabel('V/(m/s)')
hold on;
figure(4)
plot(tp,gamap*57.3,'k','LineWidth',2)
xlabel('fig.4          t/s')
ylabel('\gamma/deg')
hold on;
figure(5)
plot(tp,faip,'k','LineWidth',2)
xlabel('fig.5          t/s')
ylabel('\phi')
hold on;
figure(6)
plot(tp,Tp,'k','LineWidth',2)
xlabel('fig.6          t/s')
ylabel('T/N')
hold on;
figure(7)
plot(tp,Dp,'k','LineWidth',2)
xlabel('fig.7          t/s')
ylabel('D/N')
hold on;
figure(11)
```

```
plot(tp,evp,'k','LineWidth',2)
xlabel('fig.11          t/s')
ylabel('e_v/m/s')
hold on;
figure(14)
plot(tp,sqp*57.3,'k','LineWidth',2)
xlabel('fig.14          t/s')
ylabel('\nu/deg')
hold on;
figure(15)
plot(tp,Tp,'k','LineWidth',2)
xlabel('fig.15          t/s')
ylabel('T/N')
hold on;figure(16)
plot(tp,Lp,'k','LineWidth',2)
xlabel('fig.16          t/s')
ylabel('L/N')
hold on;
figure(17)
plot(tp,Dp,'k','LineWidth',2)
xlabel('fig.17          t/s')
ylabel('D/N')
hold on;
figure(18)
plot(tp,sqp*57.3,'k','LineWidth',2)
xlabel('fig.18          t/s')
ylabel('Sq/N')
hold on;
figure(19)
plot(tp,alfagp*57.3,'k','LineWidth',2)
```

```
xlabel('fig.19          t/s')
ylabel('alfag')
hold on;
figure(20)
plot(tp,ehbap,'k','LineWidth',2)
xlabel('fig.20          t/s')
ylabel('ehba')
hold on;
figure(21)
plot(tp,egamabap*57.3,'k','LineWidth',2)
xlabel('fig.21          t/s')
ylabel('egamaba')
hold on;
figure(22)
plot(tp,eqbap,'k','LineWidth',2)
xlabel('fig.22          t/s')
ylabel('eqba')
hold on;
figure(23)
plot(tp,ealfabap*57.3,'k','LineWidth',2)
xlabel('fig.22          t/s')
ylabel('ealfaba')
hold on;
figure(24)
plot(tp,qgp,'k','LineWidth',2)
xlabel('fig.22          t/s')
ylabel('qg')
hold on;
figure(25)
plot(tp,qp,'k','LineWidth',2)
```

```
xlabel('fig.22          t/s')
ylabel('q')
hold on;
figure(26)
plot(tp,gamagp*57.3,'k','LineWidth',2)
xlabel('fig.22          t/s')
ylabel('gamag')
hold on;
figure(27)
plot(tp,alfap*57.3,tp,alfagp*57.3,'k','LineWidth',2)
xlabel('fig.22          t/s')
ylabel('alfa & alfag')
hold on;
figure(28)
plot(tp,qp,tp, qgp,'k','LineWidth',2)
xlabel('fig.22          t/s')
ylabel('q & qp')
hold on;
figure(29)
plot(tp,gamagp*57.3,tp,gamap*57.3,'k','LineWidth',2)
xlabel('fig.22          t/s')
ylabel('gama & gamag')
hold on;
```

附录2
高超声速飞行器观测器设计程序Ⅱ

```
clc;clear;close all; tf=30;dt=0.001;
hwait=waitbar(0,'simulation start');
m=136781.3; V=4602.5; h=33528;
q=0; thin_oil=0.1; deta=0;
kk=3;  alfa=0/57.3;gama=0;q=0;gamag=0+2/57.3*kk;qg=0+1/57.3*kk;
alfag=-8/57.3*1; hg=h+200*kk;
Iyy=9.5*10^6;
rou=0.0125;
Cb=24.4; S=334.729;g=9.8; sev=0;sealfa=0;sq=0; j=0;jj=0;
for i=1:tf/dt
    t=i*dt;      Va=(8.99*10^-9*h^2-9.16*10^-4*h+996)*0.3048;
    Ma=V/Va;     Qb=0.5*rou*V^2;          Cl=0.6203*alfa;
    L=Qb*S*Cl;        Ct=0.2576*thin_oil;
    if thin_oil<1
       Ct=0.0224+0.00336*thin_oil;
    end
      T=Qb*S*Ct;
      if T<0
            T=0;
```

```
        end
        Cd=0.645*alfa^2+0.0043378*alfa+0.003772;
        D=Qb*S*Cd;
        Cm_alfa=-0.035*alfa^2+0.036617*alfa+5.326*10^-6;
        Cm_deta=0.0292*(deta-alfa);
        Cm_q=Cb*q/2/V*(-6.79*alfa^2+0.3015*alfa-0.2289);
        M=Qb*S*Cb*(Cm_alfa+Cm_deta+Cm_q);
        dV=(T*cos(alfa)-D)/m-g*sin(gama);    V=V+dV*dt;
        dh=V*sin(gama);                      h=h+dh*dt;
        dgama=(L+T*sin(alfa))/(m*V)-g/V*cos(gama);
gama=gama+dgama*dt;
        dq=M/Iyy;
q=q+dq*dt;sq=sq+q*dt;
        dalfa=-(L+T*sin(alfa))/(m*V)+q+g/V*cos(gama);
alfa=alfa+dalfa*dt;
         Clg=0.6203*alfag;        Lg=Qb*S*Clg;
        Cm_alfag=-0.035*alfag^2+0.036617*alfag+5.326*10^-6;
        Cm_detag=0.0292*(deta-alfag);
        Cm_qg=Cb*q/2/V*(-6.79*alfag^2+0.3015*alfag-0.2289);
        Mg=Qb*S*Cb*(Cm_alfag+Cm_detag+Cm_qg);
        delth=10;deltgama=0.5/57.3; deltq=1/57.3;

ehba=h-delth-hg;egamaba=gama-deltgama-gamag;eqba=q-deltq-qg;
        ehba1=h-hg;egamaba1=gama-gamag;eqba1=q-qg;
        kkk=1.2; k11=kkk;k12=0;k13=0;
        k21=0;k22=kkk;k23=0;
        k31=0;k32=0;k33=kkk;

k41=0.0;k42=0.0625+0.0066+0;k43=1.3934+1+3.1644+0;
        dhg=V*sin(gamag)+k11*ehba+k12*egamaba+k13*eqba;
```

```
hg=hg+dhg*dt;

dgamag=(Lg+T*sin(alfag))/(m*V)-g/V*cos(gamag)+k21*ehba+k22*egamab
a+k23*eqba;gamag=gamag+dgamag*dt;
        dqg=Mg/Iyy+k31*ehba+k32*egamaba+k33*eqba;
qg=qg+dqg*dt;

dalfag=-(Lg+T*sin(alfag))/(m*V)+qg+g/V*cos(gamag)+k41*ehba+k42*ega
maba+k43*eqba; alfag=alfag+dalfag*dt;
        Vd=4612;            ev=Vd-V;            sev=sev+ev*dt;
kpv=0.01;ksv=0.001;kdv=0.001; ksv=0.01;
        if ev>0
        thin_oil=kpv*ev+ksv*sev+kdv*dV+ksv*ev/(abs(ev)+100);
        end
        if ev<0
            thin_oil=-30;
        end
        if thin_oil<0
            thin_oil=0;
        end
        alfad=4/57.3;      ealfa=(alfa-alfad)*57.3;
        kp_alfa=-1.5; ks_alfa=-2;kd_alfa=-10;kq=-2;
        sealfa=sealfa+ealfa*dt;
        upitch=kp_alfa*ealfa+ks_alfa*sealfa+kd_alfa*dalfa+q*kq;
        deta=upitch;
        j=j+1;
        if j==10
        j=0;jj=jj+1;
        alfap(jj)=alfa;hpp(jj)=h;Vp(jj)=V;gamap(jj)=gama; faip(jj)= thin_oil;
tp(jj)=t;
```

```
evp(jj)=ev; Vdp(jj)=Vd; sqp(jj)=sq;   Tp(jj)=T; Lp(jj)=L;Dp(jj)=D;
alfagp(jj)=alfag;hgp(jj)=h;gamagp(jj)=gamag;qgp(jj)=qg;

ehbap(jj)=ehba1;egamabap(jj)=egamaba1;eqbap(jj)=eqba1;ealfabap(jj)=alfa-
alfag;
      waitbar(t/tf,hwait,'figures is coming')
     end
    end
    close(hwait);figure(1);
   plot(tp,alfap*57.3,'k','LineWidth',2);
   xlabel('fig.1          t/s');ylabel('\alpha/deg');hold on;
   figure(2);plot(tp,hpp,'k','LineWidth',2)
   xlabel('fig.2          t/s');ylabel('h/m');hold on;
   figure(3);plot(tp,Vp,tp,Vdp,'k','LineWidth',2)
   xlabel('fig.3          t/s');ylabel('V/(m/s)');hold on;
   figure(4);plot(tp,gamap*57.3,'k','LineWidth',2)
   xlabel('fig.4          t/s');ylabel('\gamma/deg');hold on;
   figure(5);plot(tp,faip,'k','LineWidth',2);
   xlabel('fig.5          t/s');ylabel('\phi');hold on;
   figure(6);plot(tp,Tp,'k','LineWidth',2);
   xlabel('fig.6          t/s');ylabel('T/N');hold on;
   figure(7);plot(tp,Dp,'k','LineWidth',2);
   xlabel('fig.7          t/s');ylabel('D/N');hold on;
   figure(11);plot(tp,evp,'k','LineWidth',2)
   xlabel('fig.11          t/s');ylabel('e_v/m/s');hold on;
   figure(14);plot(tp,sqp*57.3,'k','LineWidth',2)
   xlabel('fig.14          t/s');ylabel('\nu/deg');hold on;
   figure(15);plot(tp,Tp,'k','LineWidth',2);
   xlabel('fig.15          t/s');ylabel('T/N');hold on;
   figure(16);plot(tp,Lp,'k','LineWidth',2);
```

```
xlabel('fig.16          t/s');ylabel('L/N');hold on;
figure(17);plot(tp,Dp,'k','LineWidth',2);
xlabel('fig.17          t/s');ylabel('D/N');hold on;
figure(18);plot(tp,sqp*57.3,'k','LineWidth',2)
xlabel('fig.18          t/s');ylabel('Sq/N');hold on;
figure(19);plot(tp,alfagp*57.3,'k','LineWidth',2);
xlabel('fig.19          t/s');ylabel('alfag');hold on;
figure(20);plot(tp,ehbap,'k','LineWidth',2);
xlabel('fig.20          t/s');ylabel('ehba');hold on;
figure(21);plot(tp,egamabap*57.3,'k','LineWidth',2);
xlabel('fig.21          t/s');ylabel('egamaba');hold on;
figure(22);plot(tp,eqbap,'k','LineWidth',2);
xlabel('fig.22          t/s');ylabel('eqba');hold on;
figure(23);plot(tp,ealfabap*57.3,'k','LineWidth',2)
xlabel('fig.22          t/s');ylabel('ealfaba');hold on;
```

参考文献

[1]   HAOJIAN XU, MAJ D MIRMIRANI, PETROS A IOANNOU. Adaptive sliding mode control design for a hypersonic flight vehicle[J]. Journal Of Guidance, Control, And Dynamics, 2004, 27（5）: 829-837.

[2]   PETE JANKOVSKY, DAVID O SIGTHORSSON, ANDREA SERRANI, STEPHEN YURKOVICH, MICHAEL A BOLENDER, DAVID B DOMAN. Output feedback control and sensor placement for a hypersonic vehicle model[C]. in; AIAA Guidance, Navigation and Control Conference and Exhibit, 2007.

[3]   L FRIDMAN, Y SHTESSEL, et al. Higher-order sliding-mode observer for state estimation and input reconstruction in nonlinear systems[J]. Journal of Robust and Nonlinear Control, 2008, 18（4/5）: 399-412.

[4]   NENGGEN DING, WEN CHEN, YIPENG ZHANG, GUOYAN XU, FENG GAO. An extended Luenberger observer for estimation of vehicle sideslip angle and road friction[J]. Int. J. Vehicle Design, 2014, 66（4）: 385-414.

[5]   QUN ZONG, YUEHUI JI, FANLIN ZENG, HELONG LIU. Output feedback backstepping control for a generic Hypersonic Vehicle via small gain theorem[J]. Aerospace Science and Technology, 2012, 23: 409-417.

[6] QUN ZONG, JIE WANG, BAILING TIAN, YANG TAO. Quasi-continuous high-order sliding mode controller and observer design for flexible hypersonic vehicle[J]. Aerospace Science and Technology, 2013（27）: 127-137.

[7] YINHUI ZHANG, ZHENYU JIANG, HUABO YANG, JIANTONG CHENG, WEIHUA ZHANG. High-order extended state observer-enhanced control for a hypersonic flight vehicle with parameter uncertainty and external disturbance[J]. J Aerospace Engineering, 2015, 229（13）: 2481-2496.

[8] QING WANG, MAOPENGRAN, CHAOYANGDONG. Robust partial integrated guidance and control for missiles via extended state observer[J]. ISA Transactions, 2016, 65: 27-36.

[9] YANLIANG CUI, LANLAN XU, MINRUI FEI, YUBIN SHEN. Observer based robust integral sliding mode load frequency control for wind power systems[J]. Control Engineering Practice, 2017, 65: 1-10.

[10] YUANCHUAN SHEN, JIANQIAO YU, GUANCHEN LUO, XIAOLIN AI, ZHENYUE JIA, FANGZHENG CHEN. Observer-based adaptive sliding mode backstepping output-feedback DSC for spinstabilized canard-controlled projectiles[J]. Chinese Journal of Aeronautics, 2017, 30（3）: 1115-1126.

[11] HERMAN CASTAÑEDA, OSCAR S SALAS-PEÑA. Extended observer based on adaptive second order sliding mode control for a fixed wing UAV[J]. ISA Transactions, 2017, 66: 226-232.

[12] 张浩华. 基于高超声速飞行器纵向模型的 H_∞ 及抗饱和鲁棒控制研究[D]. 南京: 南京理工大学, 2008.

[13] 高志峰. 复杂系统的容错控制技术及其在近空间飞行器中的应用研究[D]. 南京: 南京航空航天大学, 2011.